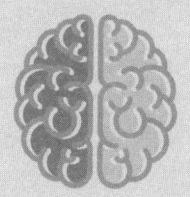

关爱大脑，大脑会回以关爱。

——加雷思·穆尔

作者 ○ 【英】加雷思·穆尔
（Gareth Moore）

译者 ○ 高 剑

我的第一堂
记忆
私教课

40 天超级记忆训练计划

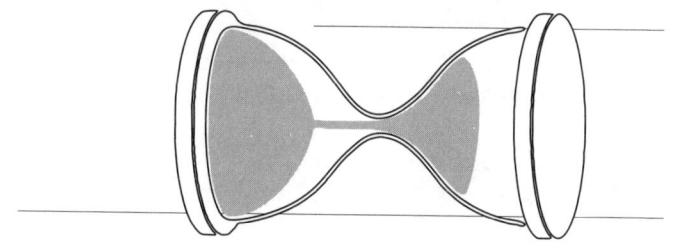

世界图书出版公司
北京·广州·上海·西安

版权登记号:01-2019-6968

图书在版编目(CIP)数据

我的第一堂记忆私教课:40天超级记忆训练计划/(英)加雷思·穆尔著;高剑译.—北京:世界图书出版有限公司北京分公司,2020.3(2023.2重印)

书名原文:Memory Coach: Train and Sustain a Mega-memory in 40 Days

ISBN 978-7-5192-7065-0

Ⅰ.①我… Ⅱ.①加…②高… Ⅲ.①记忆术Ⅳ.①B842.3

中国版本图书馆CIP数据核字(2019)第276940号

书　　名	我的第一堂记忆私教课:40天超级记忆训练计划	
	WODE DIYITANG JIYI SIJIAOKE:40 TIAN CHAOJI JIYI XUNLIAN JIHUA	
著　　者	加雷思·穆尔	
译　　者	高　剑	
责任编辑	刘　虹　尹天怡	
出版发行	世界图书出版有限公司北京分公司	
地　　址	北京市东城区朝内大街137号	
邮　　编	100010	
电　　话	010-64038355(发行)　64037380(客服)　64033507(总编室)	
网　　址	http://www.wpcbj.com.cn	
邮　　箱	wpcbjst@vip.163.com	
销　　售	各地新华书店	
印　　刷	唐山富达印务有限公司	
开　　本	787 mm×1092 mm　1/16	
印　　张	17	
字　　数	163千字	
版　　次	2020年3月第1版	
印　　次	2023年2月第3次印刷	
国际书号	ISBN 978-7-5192-7065-0	
定　　价	49.80元	

如有质量或印装问题,请拨打售后服务电话010-82838515

目 录

CONTENTS

序 言

INTRODUCTION

欢迎打开《我的第一堂记忆私教课:40天超级记忆训练计划》。每天只要读上寥寥数页,做做书中列出的两三个记忆力训练,你就能在40天的时间里提高自己的记忆能力。

记忆直接影响着我们生活的方方面面。倘若我们记忆缺失,就会连自己是谁、自己身在何处、自己是做什么的都搞不清。这样的话,你筹划不了未来,回忆不了过去,思路也总是断断续续的。记忆力对我们的生活如此重要,那我们为什么不在意它呢?

掌握记忆方法、更好地运用记忆力能够让你的生活变得丰富多彩。这本书是每日一练的记忆力训练计划,我将在书中手把手教你简单的记忆力训练方法,帮助你拥有更加美好的生活。借助最新的相关研究发现以及我之前所写的书中已经被尝试和验证过的方法,我将让你目睹,即便是微不足道的简单方法,也能让你尝到很多甜头,受益终身。

本书附带一系列精心设计的记忆力游戏,使你能够立刻将书中介绍的记忆方法付诸实践。当然,你不用40天不间断地看这本书,抽时间一部分一部分地进行训练也未尝不可。事实上,本书后半部分列出的一些训练也不大可能在一天之内完成。

本书在主体部分结束后,还收录了一些记忆力拓展训练游戏。

第 **1** 天

学着去记

用了这个方法，你的记忆力就会有所提高

生活在现代社会的我们，很少有意识地去记东西

我们所有人的长时记忆能力其实不相上下

什么是长时记忆？

不论你以为自己的记忆力多么糟糕，你的长时记忆，也就是事后很久还能想起曾经记住的某件事情的能力绝对不会比任何人差。你记忆的方式决定了你的长时记忆能力。你要是无意识地使用长时记忆，就无法将自己与生俱来的记忆能力发挥到极致。

为什么会这样？

直到最近几百年，世界上绝大多数的人才学会了写字，所以在那之前，他们不得不把故事、家族史、生日、年龄等一切的一切记在脑子里。如今，我们把这些任务移交给了手机、日记本之类的东西，极少再有意识地去记什么东西了。

建议用时：**15**分钟

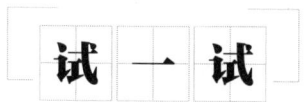

第一天:训练1

　　尝试一下这些简单的记忆力训练方法。几天后，我们将再次进行类似训练，你就能够亲眼见证训练是如何一步一步提高你的记忆能力的。

　　让我们先从记住这些物品开始：

现在，不去看前面的物品，看看你能否按照上页图中物品的排列顺序为下图中的物品标号。在上页图中位于第一行的第一个物品旁边标"1"，位于第一行的第二个物品旁边标"2"，以此类推，直至在位于最下面一行的最后一个物品旁边标"6"为止。

第一天：训练2

重复上面的训练，不过这一次，我们需要将物品替换成词语。你先仔细观察这些词语，然后，当你认为自己准备好了的时候，就将它们盖住，不过嘴里还要继续读下面这些词语。

空间

电

时间

想象

物理

起源

不去看前面的词语,再按照上文中词语的排列顺序为下文列出的词语标号,从上文中位于顶部的第一个词语开始,直至位于底部的第六个为止,一个都不要落下。

物理

时间

电

想象

空间

起源

第一天:训练3

在这个训练中,每一张图片旁边都写有一个词语。仔细观察图片和词语,看看你能否记住哪张图片与哪个词语对应。你如果觉得自己准备好了,就将它们盖住,试一试,看能不能按照下图的对应关系,将词语写在正确的图片旁边。训练时将给出图中出现的词语。

▶ 困惑　　　　▶ 日记

▶ 奥秘　　　　▶ 水仙花

▶ 名人　　　　▶ 信箱

不去看前面的图片和词语,在下面将每一个词语分别写在对应的图片旁边。

名人;困惑;水仙花;日记;信箱;奥秘

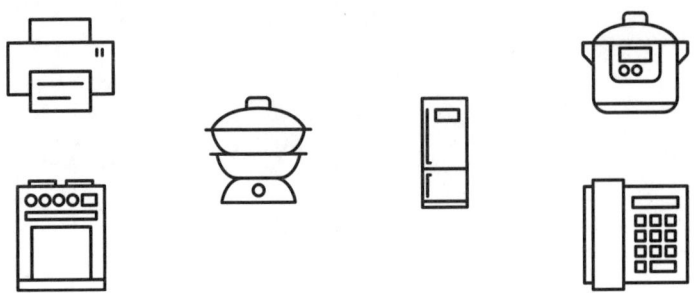

短时记忆

你的短时记忆只能容纳5—7组内容

短时记忆能够持续15—30秒钟

你可以利用分组的方法来记住更多内容

什么是短时记忆？

短时记忆是指临时存放在你脑子中的记忆，如果你不将这些记忆转化为长时记忆，很快就会将它们忘得一干二净。举个例子，倘若有人把他的电子邮箱地址告诉了你，而你20秒以后就将它忘得干干净净，那一定是因为你仅仅将它存放在了你的短时记忆当中。

为什么会这样？

要是没有短时记忆，你甚至都读不懂这句话——你刚一读完这句话，就会把读过的内容忘得彻彻底底。忘事似乎一点用都没有，可你要是凡事都记得清清楚楚，你的大脑很快就会塞满乱七八糟的信息！正因如此，绝大多数短时记忆才永远都不会转化成长时记忆。

建议用时：**10**分钟

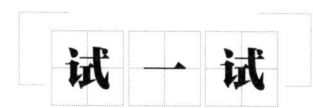

第二天：训练1

慢慢读下面这串数字，千万不要刻意去记住它们。一读完所有数字，立刻按照这串数字的排列顺序将它们全部写下来——不要回过头再去看它们。

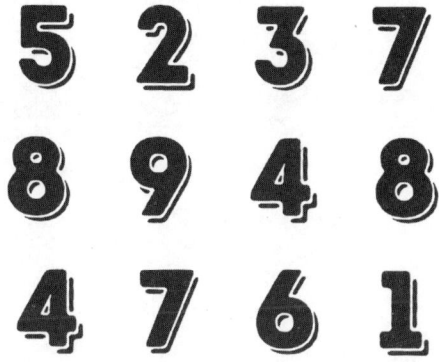

现在来检查一下，看看你写得怎么样。这一串数字你究竟能记住多少?

第二天：训练2

利用这些表情进行类似的训练。逐一观察这些表情，千万不要刻意去记住它们。然后，将书反过来扣在桌子上，试着在纸上画出这些表情。

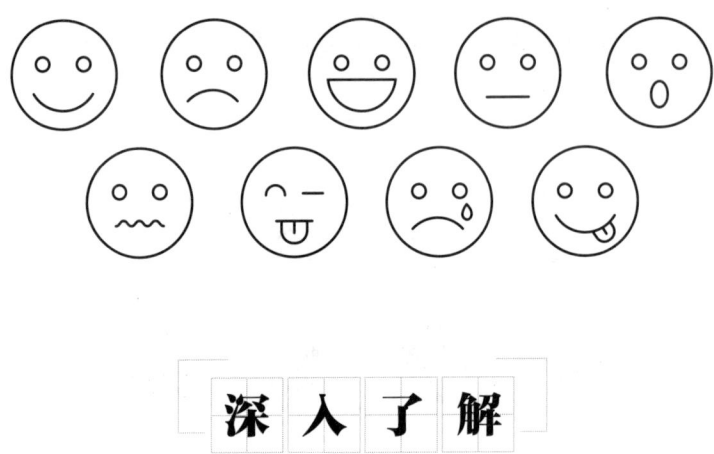

深 入 了 解

你表现如何？

你能记住5到7个数字？你有没有绞尽脑汁记住了相同数量的表情？

你能够记住多少数字表明你大概拥有多大的短时记忆容量。你可以学习更有效地使用你的短时记忆。事实上，训练提高的只是临时存放在你脑子中的信息量，而你的记忆所能容纳的最原始、最基本的信息的个数却不会有任何变化。这点与长时记忆截然不同，长时记忆持续的时间远远超出30秒钟,因此,我们的长时记忆仿佛拥有无限的存储空间。

你或许把每一个数字看作一项单独的内容,但表情却更为复杂。举例来说,你可能将最下面一行的某个图片定义为"吐舌头的同时眨左眼"的表情。如果你真这么做了,就占用了短时记忆中的两处"空档",所以很难像记住数字一样记住很多表情。将各种各样的想法融合为一个单一的"内容"是我们将在本书中讨论的一种关键类型的记忆技术。

感觉混合体

我们似乎对不同的感觉有着不同的短时记忆——你也许能够在短时间内记住同一时间内闻到、看到的东西以及你刻意去记住的一些事实。只是用不了多久,它们就会从你的短时记忆中溜走。可惜的是,如果你试着同时浏览前两页出现的数字和表情,你就会发现根本行不通。到头来,你很可能卡在用文字向自己描述这些数字和表情上,什么都没有记住。

第二天:训练3

试着放慢速度从头到尾读一遍下文列出的第二串数字,然后再重复一遍,千万不要刻意去记住它们,只是这一次,要将这串数字分组来读。比如,可以将前两个数字合在一起读作"15",而不是"1"和"5"。接着,看看你能写下多少数字——不要回过头再去看它们。

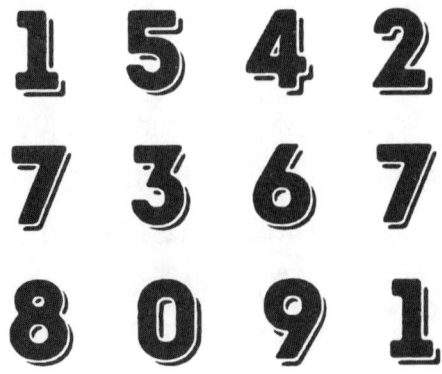

现在检查一下，看看你写得怎么样。这个方法有没有帮你记住更多的数字？哪怕多一个也行。就算没有也不用担心，因为这些方法需要不断训练才能奏效。况且即便你再努力训练，也有可能无法将"42"这样的多位数挤在一个"空档"当中。

使用短时记忆

我们利用短时记忆将想法储存在脑子里，得益于此，我们才能和别人聊天、争论或是思考接下来该怎么办。然而，除了最迫切的想法和记忆之外，我们需要将短时记忆中存储的其他信息转移到长时记忆当中——在本书接下来的内容中，我们将重点探讨这一问题。

第 **3** 天

长时记忆

长时记忆持续的时间超过1分钟

长时记忆在脑子中停留的时间没有上限

绝大多数长时记忆会随着时间的推移逐渐淡化

什么是长时记忆？

任何你想要记住的事情，都需要被转化为长时记忆。如果你希望"记住"什么，那么你的目标就是将它转化为长时记忆。这些记忆通过改变它们在你大脑中的位置存储了起来。

为什么会这样？

倘若我们记不起昨天发生过什么，或是几分钟之前做过什么，我们就过不了正常人的生活。记忆成就了现在的我们，缺少记忆，我们将沦为一具空壳。纵观我们的一生，我们的长时记忆不断积聚，甚至不费吹灰之力。然而我们常常需要付出相当大的努力，才能将诸如事实真相之类的其他记忆留在脑子里。

建议用时：**12**分钟

我们记住了些什么?

我们的记忆包罗万象。我们记得今天早些时候或是昨天去过哪里、吃过什么,记得自己和谁待在一起,也许就连上个礼拜去过哪里、吃过什么、和谁在一起都能记得清清楚楚。我们遇到的事情越不可思议,就越容易被记住。

我们记得闻到过的气味;我们记得看到过的风景;我们兴许连触摸的感觉都能铭记于心。我们还记得自己的情绪,记得我们经历人生重要时刻的感受。

起初,记忆通过大脑的化学变化存储了下来,然后以更具实质性的物理变化来储存,同时会捕捉我们生活中微小的片段。记忆存在且彼此相连,正因如此,一想到玫瑰,我们就会联想起一股香味、一种颜色或是一个地方,接着是一个人、一件事,甚至更多的东西。一段记忆与其他记忆的联系越密切,我们就越容易回忆起它。所以,当我们琢磨或是做其他什么事情的时候,尘封的记忆会如潮水一般猛然而至。同样的道理,个体的记忆是非常独特的,我们所认为的单一记忆实际上往往是一系列相关的记忆。

绝大多数记忆会随着时间的推移逐渐淡化,除非我们重新审视并强化它们。所以,要是我们在今后的生活中压根用不到上学时学过的某门学科中的知识,最后肯定会把它们忘个一干二净。

记忆还会随着时间的推移发生变化。我们会将事后听到、看到的事情中的虚假的记忆植入我们的脑子,与真实的记忆混在一起。我们记忆中掺杂的错误远比我们想象得要多得多。

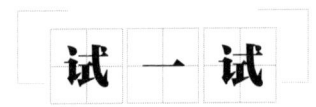

第三天:训练1

长时记忆的作用不只是了解事实真相那么简单,它还能帮助我们有意识地记住我们希望以后也能想起来的信息。试着做做这方面的训练,测一测你的初始长时记忆能力。

仔细观察下面列出的布克奖[1]获奖作品,然后盖住它们,看看在只给出作家的情况下,你能回忆起名单上的几部作品。

1980年:《启蒙之旅》——威廉·戈尔丁

1981年:《午夜之子》——萨曼·鲁西迪

1982年:《辛德勒方舟》——托马斯·基尼利

1983年:《迈克尔·K的生活和时代》——J.M.库切

---

1 布克奖被认为是当代英语小说界的最高奖项,也是世界文坛上影响最大的文学大奖之一。

1984年:《杜兰葛山庄》——安妮塔·布鲁克纳

现在,我们来把缺失的信息补充完整:

1980年:_____——威廉·戈尔丁

1981年:_____——萨曼·鲁西迪

1982年:_____——托马斯·基尼利

1983年:_____——J.M.库切

1984年:_____——安妮塔·布鲁克纳

第三天:训练2

你还记得第一天的训练出现过哪些信息吗?除非你花大量的时间仔细研究过,否则你大概已经把它们忘得差不多了。因为这些信息没什么是值得你念念不忘的,你的大脑一定觉得没有必要一直记着它们。

试试看,你能不能完成接下来的几个回忆任务?如果能,你究竟记住了哪些信息?

这些图片一开始是按照怎样的先后顺序排列的?

这些文字一开始是按照怎样的先后顺序排列的？

物理;时间;电;想象;空间;起源

哪个词语和哪张图片是相互对应的？

名人;困惑;水仙花;日记;信箱;奥秘

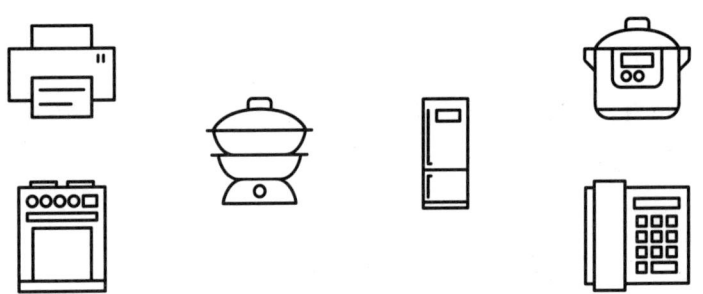

程序性记忆

一些长时记忆令我们将处理事情的流程自动化

随着时间的推移，身体技能需要的注意力更少

这类记忆就是所谓的程序性记忆

什么是程序性记忆?

我们一开始学习走路、骑自行车、游泳,还有开车的时候,都需要高度集中注意力才能掌握这些身体技能。然而时间一长,我们在这上面投入的精力越来越少,因为我们的程序性记忆渐渐能够让我们无意识地重复这些习得的技能。这些技能也会在很长一段时间内不断精进,钢琴家通过不断练习,技艺越来越精湛就是个例子。

为什么会这样?

要是我们每一天都不得不思考最基本的行为方式,就干不了什么正事。于是,我们学习将处理事情的流程自动化。有了这种能力,我们就用不着在最基本的技能上浪费精力,搞得自己焦头烂额,却什么能力都提升不起来。

建议用时:**10**分钟

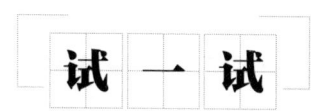

第四天:训练1

你要想测测自己的程序性记忆,可以参加各种各样的训练活动。但程序性记忆的本质决定了这些训练无法在一天之内全部完成。

不过,为了证实程序性记忆的强大作用,你也许愿意学习下面列出的这些技能。当然前提是,你尚未掌握这些技能:

杂耍——抽出一周的时间每天练习,你或许就能自信满满地抛接三个球了

把一副扑克分成两摞,洗牌时将它们混在一起

学些花式鸡尾酒调酒动作

弹奏几种吉他的基础和弦

表演几个简单的魔术戏法

用非惯用手写写画画

学习骑自行车

学习游泳,或新的泳姿

更精准地投篮

用一双手上的十根手指敲打键盘

练习基本的书法笔画

第四天：训练2（上）

遮盖好下一页的内容。接着，通过仔细观察下图中花朵的花瓣、花蕊、花茎和叶子的组合方式来测试你的记忆力。

观察图片，时间控制在1分钟之内。然后盖上图片，去看下一页的问题。

第四天：训练2（下）

　　一定要盖好上一页中的图片。现在，看一看下面这幅图，里面有几朵花和上图中的一模一样，只是方向和位置发生了变化。你准备好以后，可以把书倒过来，让花的方向和上一页中的一模一样。圈出下图里上一页的图中没有的花朵。

第 **5** 天

日常记忆

想提高记忆力, 就开始多用用它吧

尝试去记住你通常需要用笔写下来的事情

测一测你后来究竟记住了多少事情

什么是日常记忆?

我们绝大多数人似乎只会在应付学校组织的考试或是其他职业资格考试的时候,才能有意识地去记东西。这种现象通常意味着我们对什么东西值得记、该如何有意识地去记东西知之甚少。

为什么会这样?

除了为特殊考试做准备之外,我们越是在不经意间多记些东西,我们的记忆力就越好。这一点和其他任何技能的习得是一个道理。当你第一次尝试本书提到的记忆方法时,也许需要耗费相当多的精力,但时间一长,这些方法就会成为你的习惯。

建议用时:**15**分钟

使用你的记忆

下次出门购物之前，试着把你打算买的东西记在脑子里。当然你也可以用笔列个清单，不过千万别完全指望它，实在想不起该买什么的时候偶尔看一下就好。

有些东西你真该记在脑子里，而不是将它们写下来，比如银行卡的PIN码（个人识别码）和账号密码。一开始记这些东西的时候，你可以从小处着手，记住其中的一小部分密码，把其余的部分写下来。举个例子，你或许想在已经写下的一串密码后面再加上几个不容易猜透的字母序列（比如"pzrg"之类的字母）。这样一来，就算有人能拿到你写下的密码，也很难用它做什么坏事。

紧急联系人

要给亲戚朋友打电话的时候，你是不是必须翻翻手机、通讯录或是电脑，才能知道他们的电话号码？常用的电话号码你都能记得清清楚楚吗？少了记忆辅助工具的帮忙，你还能坦然自若吗？如果不能，你就应该努努力，好好训练一下。

你或许还希望能记住生活中对你非常重要的人的电子邮件地址、通信地址和生日之类的信息。你永远也不知道它们什么时候才能派上用场，但这对你训练记忆力技巧是有好处的。

通常来说，记忆不是什么一劳永逸的事，所以，你要是记住了几个电话号码，过段时间一定要回忆一下，看看自己还记不记得它们。你当天晚些时候还能把它们准确地写下来吗？明天呢？下个礼拜呢？定期检验一下，回忆有利于巩固记忆。

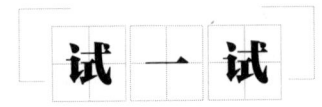

第五天：训练1

看看你能记住多少个PIN码。

花几分钟的时间仔细观察下面这些数字，然后回答之后给出的问题。

银行：1983

健身房：7382

办公室：4810

保险箱：2284

一准备好,就盖住这些数字和它们对应的名称,看看你能不能在下文适当的位置上填写出四个PIN码。

办公室:＿＿＿＿＿＿＿＿　　银行:＿＿＿＿＿＿＿＿

保险箱:＿＿＿＿＿＿＿＿　　健身房:＿＿＿＿＿＿＿＿

第五天·训练2

下面虚构了几组密码。仔细观察,试着记一记哪组密码对应哪个账户。当你认为自己准备好了的时候,就开始读下面的内容吧。

电子邮箱:LETMEINPLEASE

照片:MONKEYLOGIN

银行:QWERTY123

日历:DRAGON

待办事项:QAZWSX

游戏:ADMIN123456

一准备好, 就盖住这些账户和密码, 看看自己能回忆起几组密码:

银行: ＿＿＿＿＿＿＿　　日历: ＿＿＿＿＿＿＿

待办事项: ＿＿＿＿＿　　游戏: ＿＿＿＿＿＿＿

照片: ＿＿＿＿＿＿＿　　电子邮箱: ＿＿＿＿＿

第 **6** 天

记录你的想法

你的记忆力和智商相互联系

保持良好的思维方式十分重要

不要忘了你想说的话或是自己琢磨的事情

何谓"记录你的想法"?

你在和别人聊天的时候,就算已经想好接下来该说些什么,也还是要礼貌地等待插得上话的机会。结果机会来了,你犀利的观点却不见了,它从你的意识中消失得无影无踪。有时候,你跑到外面去玩,脑子里也许会突然冒出个好主意,可后来却怎么也想不起来那到底是个什么主意。

为什么会这样?

我们每个人时不时就会忘了自己在想些什么。一开始,可能是因为什么事让我们分了心。可我们要是不想忘事该怎么办?你应该把你的想法和你不大可能忘掉的事情联系在一起,这样,你就有办法找回它们。这样也能逼着你集中注意力,进一步加强记忆。

建议用时:**15**分钟

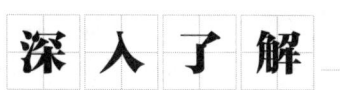

集中注意力思考

就连记录你的想法都需要集中注意力,更别提聊天了,这需要你记住自己当时在想些什么,或者在说些什么。这样一来,你的记忆力就和你最基本的智力紧紧地连在了一起,因为当你焦头烂额地忙着记这些东西的时候,很难再有什么杂七杂八的想法。

要时刻保持思路清晰,最重要的几个点是:
集中注意力——不要分心,努力做到全神贯注;
不断重复你想记住的东西,最好能用不同的方法复述它们;
想办法把你可能记不住的东西和很难忘掉的东西联系起来。

我们过几天再详细介绍这些内容,不过从本质上看,它们归根结底是要确保你的大脑意识到事情的重要性,加上特别的事推波助澜,你事后就能更加轻松地回忆起它们来。

要想在聊天的时候运用这些记忆方法其实很棘手,因为你一心想着不能忘记自己想说的话,势必会错过别人说的话。好在只要稍微训练一下,你记录自己思路的能力就会很快提高。

即便你在这方面的能力提升得不多，记忆力训练也会给你生活的方方面面带来积极的影响。而且，它还能减轻你的压力，让你不再为记不住谈话要点而焦虑，帮你更加自如地和别人交谈。

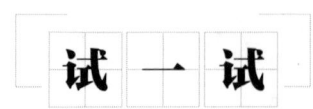

第六天：训练1

首先，盖住下页的内容。接着，集中注意力记住下面网格中图形的排列方式。准备好就可以开始了。

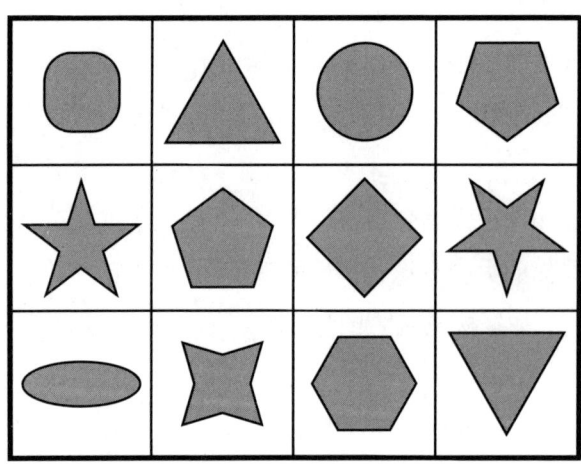

盖住上页的内容。下面网格里只有几个和上面网格中一模一样
的图形,其他图形都不见了。你能将缺失的图形放回网格中正确的位
置吗?

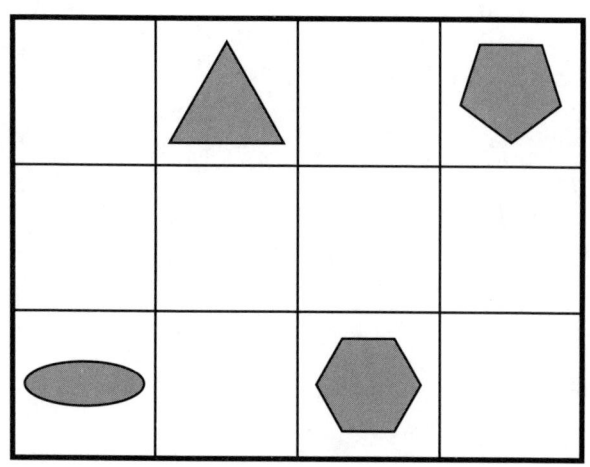

第六天:训练2

仔细观察下面列出的威尔士的城镇名称,留意它们出现的先后顺
序(按任意顺序排列)。当你认为已经把它们的顺序记得清清楚楚的
时候,就盖住它们,看看你能不能在下页列出的没有标号(按照不同
顺序排列)的城镇名称旁边写下它们正确的排列顺序。

1.加的夫　　　　6.阿伯里斯特威斯

2.纽波特　　　　7.雷克瑟姆

3.哈勒赫　　　　8.卡迪根

4.滕比　　　　　9.阿伯加文尼

5.斯旺西　　　　10.卡菲利

盖好上页的内容后，试着在下面这些城镇名称旁边写出它们一开始的排列序号。下面这些城镇名称的顺序是被打乱的：

_____卡迪根   _____阿伯里斯特威斯

_____滕比   _____哈勒赫

_____雷克瑟姆   _____加的夫

_____阿伯加文尼   _____斯旺西

_____卡菲利   _____纽波特

第 **7** 天

记忆与情感

你的大脑清楚地记得对你很重要的事情

激动的时刻往往格外难忘

欢笑总能带来积极的情绪

怎么回事？

你有没有发现，你总能牢牢记住第一次从哪里听说的惨绝人寰的事情，比如一场触目惊心的灾难或是哪篇格外令人心伤的新闻报道。这种时候你往往激动万分，当时的记忆也就被深深地烙在了你的脑子里，永远也消失不掉。

为什么会这样？

每当遇到格外重要的事情时，你的大脑就会集中注意力。强烈的情绪会令你当时记住的事情变得格外清晰。幸运的是，并非只有灾难引发的情绪能做到这一点，好消息同样能帮助我们加深记忆。上了些年纪的人应该都记得第一次登月成功时自己身在何处，这无疑就是个很好的例子。不单是好消息，有趣的事情也能发挥同样的功效。

Time 建议用时：**18**分钟

深入了解

有趣的事情

欢笑是缓解压力的良方,事实证明,它同样也能帮助我们加深记忆。发自内心地大笑能令我们幸福快乐,这种积极的情绪让我们将当时手头上的事情记得更加牢靠。

生活中,不是每一件事情都能让我们开怀大笑,但你还是能够化幽默为助力,让它帮助我们加深记忆。之所以如此,一部分原因是平凡生活中的幽默元素总能让我们集中注意力,而集中注意力正是用心去记的关键之一。除此之外,幽默还可以让事情变得更加有趣。要知道,事情越有趣,自然就越难忘。

下一次,你努力去记购物清单或是一堆其他东西的时候,看看它们能和哪些荒唐的(因此就会觉得很好笑)事情联系上。举个例子,你可以假装自己想记住下面这些东西:

面包

肥皂

鸡肉片

苹果

甜甜圈

别再一个一个地去记它们了，你可以将这五样东西用滑稽的方式组合起来。你也许可以这样想：面包上涂满了肥皂，所以鸡肉片才一直打滑，最后落在了苹果上，鸡肉片一层一层地把苹果包了起来，让它们看上去就像甜甜圈一样！就算你觉得这一点都不好笑，但你绞尽脑汁把这些东西组合起来的过程就足以让你清清楚楚地记住它们了。

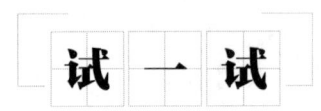

第七天：训练1

试着将下面列出的东西和幽默或是荒谬的事情联系起来，以帮助你记住它们：

菜花

奶酪蛋糕

凉拌卷心菜

胡萝卜

咖啡

谷物

奶酪

奶油

薯条

花上几分钟，或是你认为合理的时间记住上面列出的东西，然后盖好它们，看看你能不能在一张空白的纸上一字不落地写出它们。

第 **8** 天

强化记忆

重复是记忆过程的关键

重复能够强化记忆

一有机会就回想一下你打算记住的东西

什么是强化记忆？

当你带着记住某些知识的目的来学习一些信息时，却往往很快将它们忘得干干净净。你必须在学完这些知识以后不断复习，这样才能强化你的记忆。

为什么会这样？

你也许需要记住一段文稿或是一系列常识，也许准备去做演讲或是回答一些你不熟悉的领域里的问题。如果真的是这样，你一开始也许会自己看看书或是找别人给你讲讲到底是怎么回事。10分钟，或许1小时后，你也许会记得清清楚楚，或者至少能记个大概。可第二天呢？下个礼拜呢？除非你拿出实际行动巩固学到的知识，否则很快就会把它们抛在脑后。强化记忆的方法包括简化之前学习的内容并不断重复。

建议用时：**20**分钟

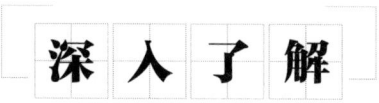

重复、重复、再重复

你如果强化自己的记忆，就会记得更加牢靠。所以，倘若你打算记住什么东西，就要在一小时、几小时、一天、一个礼拜，甚至一个月以后再复习一下。

一想到必须不止一次地复习记住的东西就有些生畏，好在你只需要在第一次复习的时候下下功夫，之后再复习，只要稍微回忆回忆就好——你发现自己忘掉了哪部分内容，就着重复习那里即可。

重新诠释

仅仅再看一遍记过的常识或是第三次观看某个教学视频并不能帮我们很好地记住它们的内容。既然你已经大概了解了正在看的知识，自然很难集中注意力好好复习它们。为了避免这种情况的出现，不论你打算记些什么，都可以用一种全新的方式来诠释它们。举个例子，要是你之前只在脑子里默读一些东西，那这次干脆就大声地将它们朗读出来，要么就一边默读，一边拿出纸笔写一份总结。另外一个意想不到却十分有效的记忆方法就是用自己的话大声地说出你记住的东西，就算只是自言自语，效果也一定错不了。

复习

记下要点和常识，并将它们作为问题检测你对所学知识的掌握程度。写下这些问题的过程也能帮助你记住最基本的常识，将来还能让你迅速了解自己是否真的掌握住了想记的知识。这个方法还能帮你锁定自己未来努力的方向。

第八天：训练1

你了解非洲的国家名称吗？大多数人只知道其中的几个，所以干脆试着记一记其中25个国家的名称吧。我们将在今后的训练中再去学习非洲其余国家的名称。这一页也没有"返回再看"的要求，因为你很可能需要从头多看上几遍，才能完全记住它们。

阿尔及利亚	吉布提
安哥拉	埃及
贝宁	赤道几内亚
博茨瓦纳	厄立特里亚
布基纳法索	埃塞俄比亚
布隆迪	加蓬

喀麦隆	冈比亚
佛得角	加纳
中非共和国	几内亚
乍得	几内亚比绍
科摩罗	科特迪瓦
刚果民主共和国	肯尼亚
莱索托	

第八天：训练2

土星有很多卫星，但不是所有卫星都有名字。下文按照体积递减的顺序列出了土星的七大卫星，每颗卫星旁边还写着首次从地球上观测到它的年份：

泰坦星（土卫六）：1655年

瑞亚星（土卫五）：1672年

伊阿珀托斯星（土卫八）：1671年

狄俄涅星（土卫四）：1684年

忒堤斯星（土卫三）：1684年

恩克拉多斯星（土卫二）：1789年

米玛斯星（土卫一）：1789年

仔细观察这些卫星，看看你能不能同时记住七颗卫星的名称和人类第一次发现它们的年份。

一个小时以后再看看这些信息，接着第二天、第三天，甚至几天后也复习一下。这么做有没有让你把它们记得清清楚楚？

做笔记

做笔记能够帮你记住学过的东西

笔记能够提高我们复习的效率

用笔记来检测一下你记住了多少知识

什么是做笔记？

做笔记是一种基本技能。人们一般靠做笔记跟着演讲或是记录其他希望能够在稍后查找的细节内容。可你知道吗？做笔记本身就能帮助我们加深记忆。

为什么会这样？

被动阅读或倾听的时候，你不需要额外投入什么精力，可你一旦开始做笔记，就不得不一直集中注意力。要想从一大堆资料中锁定要点，缺少脑力劳动肯定行不通。所以，你会不停地告诉自己的大脑这些东西非常重要，督促大脑将它们转化为长时记忆。

建议用时：**12**分钟

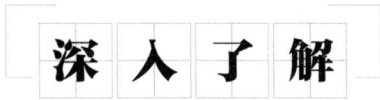

笔记的类型

做笔记可以是简简单单地在书本的段落下面画条线,或是把那部分内容涂上颜色,也可以是记下自己听到或看到的演讲中的句子。但做笔记并非形成书面记录以便后期直接拿来复习那么简单,你做笔记时投入的精力越多,就越容易记住笔记的内容。例如,抄写远比简简单单地画几条线更耗费精力,所以抄写自然会让我们记得更清楚。

改变资料的形式能够迫使大脑的不同部位活跃起来,所以这也不失为一种增强记忆的好方法。比如,你可以朗读书面材料,并将它们以语音的形式录下来,或是用一种全新的图表呈现出来。

重组与背诵

打乱笔记内容,将其划分为若干组成部分也有利于我们的学习和理解。若能将相关概念联系起来,使碎片记忆融合在一起,你就会更容易记住笔记的内容。你还可以在现有记忆的基础上加深记忆,这样总好过从头来记什么东西——这就是为什么尽管后文会详细介绍书本内容,但你最好还是读读正文前的序言和简介。

将笔记内容划分为若干组成部分，甚至将这些组成部分再细分下去还能够帮助你检查所学的知识。这样一来，你就能更容易地将精力集中在最重要的知识点，或是你掌握得最不牢固的地方上。

在你背诵资料的时候、在你想加深记忆的时候笔记也发挥着不小的作用。有了笔记，你复习起来就会快得多，也就能经常抽时间去复习。

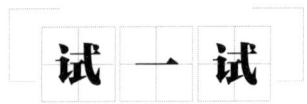

第九天：训练1（上）

阅读下面这篇文章并做笔记，看看你能否记住文章中最基本的知识点：

"查尔斯·巴贝奇被不少人称为'计算机之父'。早在电子计算机问世之前，他就发明了第一台机械计算机。他设计的'分析引擎'能够读取穿孔卡片，还能执行算术与逻辑运算，和现代的计算机一模一样。

"遗憾的是，巴贝奇没能制作完成他设计的计算机。他做出的模型表明，他的理念具有可行性，但整机的组装成本高得离谱，令计算机的制作成了奢望。几十年前，他的另一项设计——'差分机二号'

组装完成,并被安放在伦敦科学博物馆供人参观。'差分机二号'结构完整,且能够正常运行。在不少现代批评家看来,仅使用巴贝奇生活年代才行得通的技术手段是无法将他巧妙的设计付诸实践的。然而'差分机二号'的组装完成并正常运行恰恰证实了他们的愚蠢。

"巴贝奇一生还取得了不少其他的成就。巴贝奇于1871年离世,享年79岁。"

第九天:训练1(下)

上文介绍了查尔斯·巴贝奇的故事,你觉得自己还能记住巴贝奇的哪些事呢?

盖住巴贝奇的故事和你做过的笔记,看看你能否回答下面的问题:

文章提到他在"电子计算机"问世前发明了什么?

你如何在巴贝奇的"分析引擎"中输入程序?

文章中还提到了巴贝奇设计的哪种机器?

你从哪里能见到现在仍在运行的巴贝奇设计的机器模型?

批评家们通常如何评价巴贝奇?

文章中作者认为谁错了?

这台机器能执行哪些运算?

巴贝奇于哪年离世?

他逝世时享年多少岁?

你要是拿不准哪道题的答案,就再去读一读文章,或许还可以在读的过程中修改一下笔记,半个小时以后再重新回答这些问题。

第 **10** 天

做总结

做总结将逼着你去理解资料的内容

想理解资料的内容需要集中注意力

用自己的话重新解释资料内容将有利于我们加深记忆

什么是做总结?

做笔记往往只是简单记录要点。做总结则需要重新整理资料,形成一个新的信息综合体,所以你的脑子必须好好转一转才行。

为什么会这样?

为了将分散的知识点整理成一份完整的总结,你的大脑必须集中注意力,好好学习并记住原始资料的内容,以便更准确地复述它们。要做到这一点,你需要对资料内容谙熟于心,能够用一种全新的方式阐述它们。一步一步做总结的过程将迫使你的大脑集中注意力,使你有能力复述资料内容,同时,集中注意力与复述又能够帮助你进一步加深记忆。做总结改变了资料的呈现形式,让我们记住更多与资料相关的知识。

建议用时:**10**分钟

巩固知识

做笔记是不错，但要对笔记进行总结，你不但需要了解资料的内容，还必须正确理解这些知识。倘若你注意力涣散，就做不到这一点。所以你一旦具备了做总结的能力，必定付出了不少努力，自然能把这些知识记得更牢靠。当你下笔做总结的时候，会以一种全新的方式记录自己想记住的知识，这么做就给了大脑一次理解和记住资料内容的新机会。

做总结还能加深我们对相关知识的记忆，让我们未来更加轻松地回忆起这部分内容。你要是能搞清楚脑子中与某个问题相关的知识之间的联系，你大脑中零散的记忆就会越来越少，这些记忆将形成一个更加紧凑的知识框架，将所有的知识聚在一起。事实上，你若能把某个知识点记得更牢靠，与其相关的知识在你脑子中的印象也会更深刻。

发现问题

做总结的时候，你有时还能发现自己以前没有注意到的问题。在查漏补缺的过程中，你可以复习并掌握更多的知识。这些知识在你原有记忆的基础上越积越多，帮你编织起一张更加全面、稳定的记忆网。

当你觉得自己对某个知识点谙熟于心的时候，可以把它讲给其他人听听——将最基本的知识点立刻总结出来。这样，你还能够找到自己未来努力的方向。

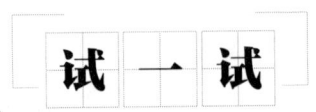

第十天:训练1（上）

下面这段话选自查尔斯·狄更斯撰写的《双城记》,仔细阅读这段话以及下一页最上方的训练方法。

"那是我主基督降生后的一千七百七十五年。跟现在一样，神灵的启示在那个时期的英格兰可谓是大行其道。传说有着预言能力的索斯考特夫人刚刚过完了她的二十五岁生日。此时，王室卫队里一个未卜先知的士兵已公开宣布:所有事已安排停当，就要淹没伦敦和威斯敏斯特。记得当年那个公鸡巷的幽灵，曾经在发出它那耸人听闻的预言之后，遭到驱逐被除，消失了整整十二年。在过去的一年之中，圣灵们发出的种种预言仍是换汤不换药，少了几分独创性。前不久，从美国那些英国治下臣民的一次会上才发出真正符合俗世人间的消息。说来真是奇怪，这些消息对于人们的影响之巨大，竟然远远超过了那个公鸡巷鸡窝里随便哪只鸡雏传出的预言。"

第十天:训练1(下)

盖住上一页的节选,阅读下面这段和它极其相似的文字。下面这段话对原文进行了十处改动。你能把它们都找出来吗?如果需要答案,请参见书后答案。

"那是我主基督降生后的一千七百六十五年。跟现在一样,神灵的启示在那个时期的英格兰可谓是大行其道。传说有着预言能力的诺斯柯特夫人刚刚过完了她的二十五岁生日。此时,王室卫队里一个未卜先知的中士已公开宣布:所有事已安排停当,就要淹没国会和威斯敏斯特。记得当年那个公鸡巷的圣灵,曾经在发出它那耸人听闻的预言之后,遭到驱逐被除,消失了整整二十年。在过去的一年之中,圣灵们发出的种种预言仍是换汤不换药,少了一些独创性。前不久,从美国那些英国治下百姓的一次会上才发出真正符合俗世人间的消息。说来真是奇怪,这些消息对于子民的影响之巨大,竟然远远超过了那个公鸡巷鸡窝里随便哪只鸡崽传出的预言。"

必要的注意力

你绝对记不住自己根本没有注意过的东西

你的注意力越集中，你记得就越牢靠

你一次只能全神贯注地思考一件事情

什么是集中注意力？

你要是不集中注意力，就不大可能记住什么。你的大脑只会去记它认为对你来说重要的事情，所以，你如果表现得满不在乎，它就不会优先去记这些事情。

为什么会这样？

你的感官不断接触各种各样的信息流。你的大脑处理完这些信息流，会告诉你它认为你需要了解的信息。如果大脑提醒过你，你却没有留意，大脑瞬间就会把这些信息从你的短时记忆中清除掉。相反，你越是留意什么，就越容易记住什么，这些信息也更容易转化为你的长时记忆。

建议用时：**12**分钟

集中注意力

你越是关心一个问题，就越容易集中注意力。然而，要想记住自己不大感兴趣的东西却并不容易。如果真是这样，一定要想办法不让自己走神，比如：

换更有意思的资料看，比如其他作者写的书或是视频纪录片

控制每一次看资料的时间，这样，记忆起资料内容来才不会总感觉自己是被逼无奈的

完成一个阶段的记忆，别忘了犒劳自己，好让自己能一直集中精力

请朋友或同事考考自己学习的内容，你会觉得自己不得不坚持下去

多重任务处理

你也许以为自己能够同时思考很多问题，其实，你一次只能认真思考一件事。如果你打算同一时间做不止一件事情，那么就会使自己的注意力迅速地在这些事情间转换。这意味着，相比于集中精力做一件事情，你化在每件事情上的精力都少了不少。结果，你想记住这些事情变得难上加难。因为你的大脑需要精力来判断这些事情重不重

要。所以,你要想记住什么事,就要将注意力都放在它上面。千万别用各种各样的任务来分散你的注意力——比如,学习时就不要再看电视了。

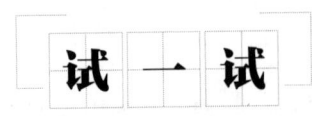

第十一天:训练1

仔细观察,看看你能不能记住这一页上《爱丽丝梦游仙境》中的人物所在的位置。你用不着记住他们的名字,只需要知道每个人物在什么位置即可。

素甲鱼

爱丽丝

公爵夫人　　　　　　　柴郡猫

　　　　　　　　　　　毛虫

疯帽子

　　　　　　　　　　　红心骑士

白兔先生

　　　　　　　　　　　睡鼠

渡渡鸟

现在,让我们盖住上面这些人物,看看你能不能把他们全部放入正确的位置。这些人物分别是:

爱丽丝、毛虫、柴郡猫、渡渡鸟、公爵夫人、红心骑士、疯帽子、素甲鱼、睡鼠、白兔先生。

_____   _____

_____   _____

_____   _____

_____   _____

_____   _____

_____   _____

_____   _____

_____   _____

第十一天:训练2

花上几分钟的时间仔细观察后面的图片的位置。时间一到,就将这些图片盖起来,看看你能在另一张纸上写出几张图片的名称,每张图片只能使用一个词来描述。

集中注意力去记

你需要将注意力集中在需要记忆的内容上

如果遇到麻烦，一定要找到能够帮助你集中注意力的方法

减少干扰，保持注意力集中

什么是集中注意力？

你要想记住学过的东西，就必须全神贯注。这意味着，你需要减少一切可能干扰你的因素，不把时间浪费在无谓的事情上，尽快集中注意力。

为什么会这样？

分心是一件非常容易的事情，特别是当你打算同时做好几件事的时候，注意力就更难集中。提前想办法减少潜在的干扰因素将增加你全神贯注做事的概率。这样一来，你也能更快、更高效地学习。尽最大努力集中注意力也很重要，然而你一旦发现无从下手，集中注意力就会变得十分棘手。

建议用时：**15**分钟

集中注意力

你打算记住什么事情的时候,适当地集中注意力肯定能帮上忙。这意味着,不要理会学习过程中任何有可能导致你无法全神贯注的事情。所以,如果你明知道自己学习的时候会去想些杂七杂八的事情,那么,倘若那些事真的重要,你可以先处理完它们再继续学习,或是把它们记下来,稍后再去处理。眼下不去记那些事情,你就能将注意力更好地集中在手头的事情上。

保持注意力

就算你能集中注意力,但要想保持下去可不容易。电话或短信提醒、其他人、令人分心的声音、恼人的穿堂风、意想不到的气味、新邮件和其他数不清的潜在因素都有可能搅乱你的思绪。你一旦分心,就很难记住几分钟前自己在做些什么,更别提一段时间以后还能准确地回忆起这些事情了。因此,避免分心是很重要的。

应对潜在干扰因素最好的办法就是提前减少它们,比如,关闭电子设备提醒以及告诉别人不要来打扰自己。即便如此,你若还是会分心,那就简单记录一下令人分心的事情,有时间再去处理,然后就不要再去想它们。你还可以利用前一天介绍的方法来帮助你保持注意力集中。

即便你发现一开始接触新事物总是很难集中注意力,你也会明白,了解得越多,事情就会变得越容易。这是因为你打好了基础,今后再记什么,也都是建立在这个基础之上的——万事开头难。

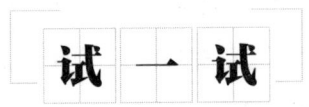

第十二天:训练1

用不到5分钟的时间仔细观察下文列出的起源于葡萄牙语的词语,然后盖好它们,看看你能在一张白纸上写出多少个词语来。

信天翁

巴洛克风格

水牛

腰果

眼镜蛇

渡渡鸟

鸬鹚

拉布拉多犬

橘子酱

糖浆

第十二天:训练2

下文列出了一些极有可能让我们分心的事情,读一读它们,看看你能写出多少。页面底部将给出提示,标出这些事物名称的第一个字。

其他任务	音乐
焦虑	噪声
聊天信息	通知
杂乱的环境	电话
白日梦	味道
门铃	社交网站
穿堂风	吱吱作响的椅子
邮件	压力
没水的笔	短信
朋友	口渴
饥饿	

一准备好,就将上文的词语列表盖好,露出下文的提示。

这些是上文提及的事物的第一个字:

其;焦;聊;杂;白;门;穿;邮;没;朋;饥;音;噪;通;电;味;社;吱;压;短;口

搭建记忆

分层记忆将帮助你更轻松地回忆起记住的事情

了解得越多，记起来就越容易

事情的来龙去脉掌握得越全面，回忆就会变得越轻松

怎么回事？

说起来也许有悖直觉，但对一个问题了解得越多，其实就越容易记住它。倘若真想用这个方法加深记忆，你多了解的那些信息就必须和希望自己记住的事情多多少少有些联系。

为什么会这样？

了解与所学知识相关的其他信息，能够让它们与其他记忆紧密联系在一起，这样一来，它们就不再是零散的记忆片段。多了解某个问题，还能让你用一种全新的方式去理解和诠释自己已经掌握的知识，使这个问题更好理解。更重要的是，你掌握了新的回忆方法，当你需要某段记忆时，就能立刻想起它。

建议用时：**12**分钟

深 入 了 解

了解与所学知识相关的其他信息

试想一下，你打算记住某些前君主加冕的日子。你大可一个一个地去记它们，但若能了解与这些日子相关的其他知识，它们肯定会更好记。举个例子，记忆君主加冕日子的同时，可以稍微了解一下他们的生平和作为。这样一来，加冕的日子就不再是零散的知识，而是成了一系列知识的一部分。要是这些知识和君主加冕的日子多多少少有些直接的联系，加冕的日子就会更好记。

另一个了解与所学知识相关的其他信息的方法很简单，那便是颠倒语序。例如，当你在记亨利八世于1509年加冕时，可以试着记一记，1509年，他加冕为王。现在，你知道了两种回忆的方法，然后，你若能继续了解1509年还发生过什么（例如，法国向威尼斯宣战），就更容易记住最开始的那些知识。

检索记忆

费尽心思去记只是记忆的一部分，因为你还需要在没有任何提示的情况下想起这件事来。有时候，你清楚自己想回忆些什么，这样倒没什么问题。可你有没有"话到嘴边"却想不起要说些什么的时候？多了解与某个问题相关的信息也有好处，因为这样一来，你的大脑就多了不少检索同一条信息的途径,你就更容易记住相关的信息,而更多信息又能帮你回忆起自己打算去想的事情。

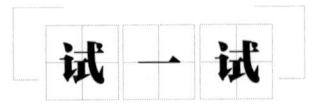

第十三天:训练1

我们在第八天记住了非洲25个国家的名称。为了了解更多相关信息,这里给出了前5个国家的一些情况:

阿尔及利亚:位于北非,毗邻地中海,人口超过4000万(2019年)。阿尔及利亚人口最多的城市是沿海港口城市阿尔及尔。

安哥拉:位于非洲西南部,官方语言为葡萄牙语。安哥拉拥有3000多万人口(2019年),是非洲人口第十二多的国家。

贝宁:西非的一个小国,西邻多哥,东临尼日利亚,北邻布基纳法索和尼日尔。

博茨瓦纳:南非内陆国家,曾被称为贝专纳,1966年从英国独立后,更名为博茨瓦纳。

布基纳法索:位于西非,它的红绿条纹国旗中,红色条纹在上,绿色条纹在下,中央印有一颗黄色的五角星。

即便你记不住上面这些信息,也可以读读国家信息,联系相关信息理解它们。不管怎么说,你会发现第八天记忆国家名称的训练会变得简单一些。

第十三天:训练2

你还在第八天的训练中记住了土星的七大卫星。

在不读下文相关信息的情况下,你能立刻回忆出所有卫星的名字吗? 人类第一次从地球上观测到它们的时间呢?

了解完自己能记住多少卫星之后,试着读读下面这些有关卫星的知识,你也许就能稍微轻松一些地记住它们的名字:

威廉·赫歇尔发现了米玛斯星和恩克拉多斯星。在希腊神话中,米玛斯和恩克拉多斯是从天王星血液中诞生的巨人。

乔凡尼·卡西尼发现了忒堤斯星、狄俄涅星、瑞亚星和伊阿珀托斯星,这几颗卫星都是以希腊神话中的泰坦诸神命名的。

荷兰天文学家克里斯蒂安·惠更斯发现了土星最大的卫星泰坦星。克洛诺斯属于泰坦诸神，罗马人把这颗卫星命名为"泰坦"。

现在，回到第八天的训练，看看这些信息是否让你更容易记住这些卫星的名字。

一段时间后的记忆

我们脑子中的绝大多数记忆都会很快消失

即便是"忘不掉的"记忆也会随着时间的推移而淡化

我们的记忆远比我们以为的更容易出错

怎么回事？

你还记得昨天的晚饭吗？一周前或是一个月前的呢？事实上，你一开始的确记得不少事情，然而时间一长，它们便慢慢淡化，你就很难再把之前发生的事情记清楚了。

为什么会这样？

我们如果一直记着无关紧要的事情，也许就要费相当一番功夫才能想起我们真正需要的重要的事情。因此，我们的大脑干脆就把我们似乎用不着一直记着的事情清除了出去。时间一长，我们甚至会淡忘那些再也用不着的重要记忆。

建议用时：**12**分钟

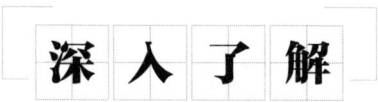

遗忘方能求生

遗忘是非常重要的生存技巧。倘若你无法遗忘过去，就会一直被眼前这件和曾经发生过的某件类似的事困扰——举个例子，你会分不清哪个是今天的购物清单，哪个又是上周或是上个月的购物清单；也分不清曾经赴过的每一场约会，不知道它是不是就是今天这场。

即便如此，我们很多时候都不可能把事情忘得干干净净，只是很难再想起那段记忆而已。在上一页中，我们说到我们很难记住曾经吃过的饭，但要是存在什么帮助你记忆的触发因素，你也许就能回忆起本该遗忘掉的细节。倘若你发现那天自己刚好丢了信用卡，没准会触发当天的很多你不记得的记忆。

记忆碎片

当我们回忆一件事情的时候，也许以为自己只是想起了某个记忆碎片，事实上，我们想起的是一整套独立的记忆碎片，那些碎片在我们的意识中相互关联着。这意味着，我们能够清清楚楚地想起一天或是一件事的某些方面，对其他方面却还是拿不准。这就是为什么我们有时会发现，当我们思考一件事情的时候，这件事会越来越清晰，因为我们的大脑将搜罗出更多模糊的记忆，并将它们联系起来，让我们想起那时到底发生过什么。

记忆碎片的问题在于，当错误的记忆和真实的事件混淆时，错误的记忆也许会让我们搞不清事情到底是什么样子。我们会在后面的内容中具体讨论这个问题。

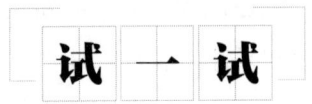

第十四天：训练1

除非你做出努力，温故知新，否则你脑子中的大部分记忆很快就会消逝。

你在第三天的训练中了解了五部布克奖获奖作品。你还记得它们吗？

能记住最好，你还记得哪部作品在哪年获奖吗？如果可以，请填好下表：

1980年：＿＿＿＿＿＿＿＿＿＿＿——威廉·戈尔丁

1981年：＿＿＿＿＿＿＿＿＿＿＿——萨曼·鲁西迪

1982年：＿＿＿＿＿＿＿＿＿＿＿——托马斯·基尼利

1983年：＿＿＿＿＿＿＿＿＿＿＿——J.M.库切

1984年：＿＿＿＿＿＿＿＿＿＿＿——安妮塔·布鲁克纳

就算做完这项训练的几个小时内，你还能清清楚楚地记着这些信息，但过不了多久就会把它们抛在脑后。除非你对这些信息特别感兴趣，或是特别熟悉这个话题，才会更容易记住它们。举个例子，如果你对这五本书早有耳闻，记忆训练就会比从头去记住书名（甚至作者）要容易得多。

第十四天：训练2

最近，你在第八天记住了非洲的25个国家的名称，那项训练建议你过几天再复习一下这些国家名称以加深记忆。接着，在昨天的训练中，你又了解到有关5个非洲国家的更多知识。你还能说出这5个国家的名称吗？

1. _____

_____

2. _____

_____

3. _____

_____

4. _____

_____

5. _____

_____

你能说出几个国家名称？

第八天的训练还提到了另外20个国家。你还能记住几个？下面给出了这25个国家名称的第一个字以帮助你完成这项训练，其中包括上文提到的5个国家。这一次，所有国家都按照国家名称第一个字的音序进行了排列，和先前的顺序有些不同。不同国家名称首字之间用空格隔开。

阿 埃 埃 安 贝 博 布 布 赤 厄 佛 冈 刚 吉 几 几 加 加 喀 科 科 肯 莱 乍 中

混合媒体记忆

试着想象你打算记住的东西的样子

学习知识并使用不同的方法来诠释它们

转换信息，使其更方便记忆

什么是混合媒体记忆？

如果你打算去买长棍面包，就在脑中想象自己吃面包的样子。你要是打算记住哪个历史概念，就在脑中想象那起历史事件发生时的状况。抑或是你打算记住什么定义，就大声解释出来，就算只有你一个人在听也没什么不好。

为什么会这样？

大脑的不同部位控制着我们不同的行为，所以，当你在琢磨自己想要记住的事情时，大脑中活跃的部位越多，你就越容易记住那件事。这不仅因为你不得不集中注意力，还因为你的记忆能够以多种形式储存起来。即便只是大声朗读一组干巴巴的事实，也能帮助你加深记忆。因为朗读能够将事实带入你的大脑深处，令你更加重视它们。

建议用时：**15**分钟

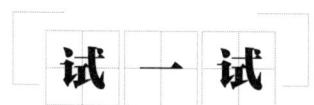

第十五天：训练1

试着记住这些知识，但你只能默读一遍下面的内容。

"大脑主要由两种细胞组成：神经元（也被称为神经细胞），以及胶质细胞。大脑包含1000亿个神经元，却拥有1万亿个胶质细胞。平均来看，每一个神经元与另外1000个神经元相连，所以，大脑中实际交错着大约100万亿条连接线。"

现在，盖住上面这段话，看看你能否回答下面这些问题：

大脑中最主要的两种细胞是什么？

其中一种细胞拥有别名。请问别名是什么？

大脑中有多少个神经元？有多少个胶质细胞？

大脑中的连接线总共有多少条？

你回答得怎么样？你要是拿不准哪道题的答案，就再读一读上面那段话，但这一次，一定要大声读出来。你有没有觉得，比起默读，大声朗读会让这段话更好记？再试着回答上面的几个问题，看看你的理解能力有没有提高。

第十五天：训练2

下面是更多有关大脑的知识。试着读两遍这段内容——第一遍在脑子中默默地读，第二遍大声读出来。

"神经元向其他神经元发送信号，并接收从其他神经元传递来的信号。输入信号由树枝形状的树突接收，输出信号则沿着长长的触角状的轴突发送出去。每一个轴突经由突触间隙与其他神经元的树突相连。当一个神经元'放电'时，它会将一个电信号沿着轴突传递出去。当电信号抵达每一个突触，它们便释放出能够穿越突触间隙的化学物质，接收神经元的行为就会发生改变——它既可以刺激也可以阻止放电神经元'放电'。这些放电模式对应的就是你所有的想法和行为。"

现在，盖住上面这段话，看看你在读完这段话以后能够回答出下面列出的哪几个问题。

每个神经元上的输入区域叫什么？输出区域叫什么？

电信号从一个神经元输出到下一个神经元输入之间的间隙叫什么？

当神经元"放电"时，会发生什么？

第十五天：训练3

试着记住这一页上画出的一组物品。你可以进行两次训练——

第一次看着这些物品，努力去记住它们；第二次重复一遍，但要大声向自己解释看到了什么。

每一次训练都要花几分钟的时间观察这些图片，然后盖住它们，在一张空白的纸上用文字描述每张图片的内容（如果你愿意，也可以将图片画出来）。

第 **16** 天

关联记忆

故意将不同的记忆关联起来，以便回忆往事

利用记忆之间的联系了解事情发生的先后顺序

记忆之间的关联性越荒唐，就越好记

什么是关联记忆？

你能够刻意利用令人难忘的连接方式将一系列事情关联起来。这意味着，你只需要记住第一件事，剩下的事也就记得八九不离十了。

为什么会这样？

我们往往很难记住零散、毫不相关的事情，因为除了盼着发生什么事情触发它们，没有直接的方法回忆每件事——比如除了亲自去超市的哪个区域看看以外，我们找不到其他能够帮助我们一下子想起这些东西的事物。与其靠运气，还不如自己想办法把原本不相干的事情关联起来，这样一来，你只要想到一件事，自然就会想起另一件事。

建议用时：**20**分钟

相互联系的列表

我们在第七天的训练中，了解到一个用幽默的方式将购物清单上的东西联系起来，令这些东西更好记的例子。这个方法其实不单适用于购物清单的记忆——它能用在任何列表的记忆当中，你可以想办法按照一定的方式将列表中的信息联系起来。

通常而言，你生来就更容易记住看得见的连接方式，但文字游戏或是你所了解的其他关联方式也能帮助你加深记忆。不过总的来说，你应该让连接方式更荒唐一些。荒唐的连接方式往往更吸引人，更吸引人的东西对大脑而言就更重要。正因为如此，你才更容易回忆起这段记忆。

这个方法除了能够帮助我们记清列表中的东西之外，还能让我们不耗费任何额外的精力就记住这些东西的顺序。

关联方式示例

假如你想记住几个名字，却焦头烂额，什么也记不住。这时，你可以用某种方式把它们关联起来。

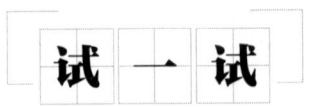

第十六天:训练1

下面按照从长到短的顺序列出了世界上最长的河流,试着记住它们。(注:由于测量起点的不同,以下列出的第一及第二条长河的顺序存在很大争议。)

1.亚马孙河

2.尼罗河

3.长江

4.密西西比河

5.叶尼塞河

6.黄河

7.鄂毕河

8.拉普拉塔河

9.刚果河

10.黑龙江

第十六天:训练2

你可以利用关联记忆的方法记住下文列表中的内容,否则,你没准费尽心力,也记不住几个。

试着用荒唐的连接方式将下面这些超市分区联系起来，并按照下文列出的顺序将它们写出来：

面包区

冷冻食品区

鲜花区

谷物区

鲜奶区

宠物食品区

药品区

生鲜区

日用品区

巧克力区

饮品区

熟食区

酒水区

罐装食品区

分块简化

将事物分组以简化记忆任务

这样就能减少你需要记忆的东西的数量

这同样意味着,你能更快地回忆起它们

什么是分块简化？

你可以在记忆某些东西前，将它们转化为更简单、更紧凑的知识。比如，数字"四十"就比"四和十"更好记，因为"四十"是一个单独的词。同样的道理，如果你能将一串长长的东西合而为一，就简化了记忆的过程。

为什么会这样？

你要记忆的东西越多，需付出的努力就越多，而忘掉这些东西的风险则越大。通过减少需要记忆的东西的数量，你就简化了记忆任务。如果你不费吹灰之力就能用好这个方法，那么这种方法还能让你增长短时记忆的有效长度。

建议用时：**15**分钟

分组

你如果能将很多东西合为单一的想法、概念，甚至是某个词，就能更轻松地记住它们。

比如，与其记着去买面包、牛奶和黄油，还不如记着去买"面包黄油"和牛奶。这两个词很容易联系在一起，这样一来，你就可以把它们看作"三明治"之类的东西——就算这和字典里给出的定义有出入，也足以让你记住自己需要买的东西。现在，你只要记住"三明治"和牛奶就行了。

我们可以用分组的方法去记各种各样的信息，但这个方法用在记忆可以轻松转换的知识上效果最好。你要是不得不停下来思考很长时间，这个方法就行不通。所以，这个方法应当用在你了解或是经验丰富的领域。

事先分块的信息

如果你经常需要背诵一串串特定的知识点，而这些知识点又不尽相同，那么提前学习这些"分块"就变得十分重要。比如，你要是时常必须背诵多位数，就要学会为每组数字缩位。比如，也许可以把数字"23"看作香肠。然后，当你打算记住它的时候，就只需要记住一个词语而不是两位数。将数字转化为某个物品将更容易把它们联系在一起。

当你第一次使用这样的方法时，会耗费不少心力，但时间一长，你就会自然而然地这么做。这个方法既适用于分块的一般概念，也适用于事先分块的特定概念。

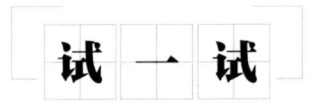

第十七天：训练1

试着记住这组数字，可以用分块的方法来帮助你记忆：

83,759,284

现在，盖上这组数字，看看你能不能在一张空白的纸上准确写出它们。

第十七天：训练2

用类似的方法记住下面这些按任意顺序排列的字母，利用分块的方法将它们切割为更容易记忆的几个部分。

RPDEEKLNRW

你能在另一张纸上准确写出几个字母吗？

第十七天：训练3

试着用分块的方法记住下列字母与数字的组合。
你能将它们一字不差地写出来吗？

D13G9H426Z

第十七天：训练4

试一试，看你能否用分块的方法记住下面这几大串德文。每串德文下方都给出了释义。

Freundschaftsbezeugung
友谊的例子

Rechtsschutzversicherungsgesellschaften
保险公司提供法律保护

Donaudampfschiffahrtsgesellschaftskapitän

多瑙河轮船公司船长

记住这些德文以后，为什么不再试试其他语言呢？

Floccinaucinihilipilification

判定某物毫无价值的估价行为

精彩的演讲

精彩的演讲需要提前做好准备

运用记忆方法简化预演

准备过度和准备不足一样糟糕

什么是精彩的演讲?

演讲时,你如果提前做过准备,就一定非常熟悉演讲的内容,这是练习使然。但除非有特殊要求,否则千万不要一字一句地去背诵演讲稿。相反,将注意力放在演讲的要点上,记住标题,你就能够让演讲顺利地进行下去。

为什么会这样?

熟悉演讲内容将令你的演讲变得更加流畅自然。但过度准备往往适得其反,除非你是个训练有素的演员,否则费尽心力也很难记清每一个字。你越是想方设法去记,就越是记不住——很可能越手忙脚乱。

建议用时:**15**分钟

演讲准备

不少演讲都允许使用幻灯片或是笔记提醒自己，所以你所做的演讲准备工作通常就是思考一下，要是见到某张幻灯片或是某个笔记，自己该说些什么。自己想办法熟悉演讲的内容，找到自己轻轻松松就能说清楚的要点。别再把时间浪费在你能够自由流畅演讲的地方上。倘若哪些要点你记得不牢靠，就要简单记下它们，然后利用学过的记忆方法背诵这部分内容。对于不熟悉的要点，预演一次显然不够，你可能还必须想办法把它们彼此联系起来。你也许得给自己多写点提示，提醒自己碰到每个要点时该说些什么。

在准备的过程当中，你要是想到一些自认为特别合适的短语，一定要把它们写下来，以便在正式演讲中使用它们——尽量不要一字不落地去记演讲稿的内容。否则，你会因为承受着不得不记住每一个字的压力而更加紧张。一旦让自己陷入这样的境地，演讲就很容易中断，因为你无论如何都做不到扫一眼笔记，然后接着讲下去。

你如果没有接受过特殊的训练，在重复记住的内容时往往有语速过快的倾向。你要是不得不思考自己所说的内容，就更容易使用听众能够接受的语速说话。别忘了，你还想留给他们记住你演讲内容的机会呢。

最后,别忘了在演讲之初介绍演讲的内容梗概,并在结束前总结演讲要点。这样重复几次,听众就更容易记住你说过的话。

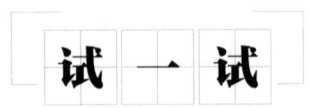

第十八天:训练1

通过这个训练来锻炼你的记忆能力。下文是摘自关于"地球的形成与历史"的演讲稿中的十个标题,看看你能轻轻松松地记住几个。

空间碎片

太阳的形成

熔化的地球冷却形成地壳

大气的形成

水和海洋的出现

大陆的形成与演化

生物进化

冰河时代模式

灭绝事件

现代大陆的形成

记完这些标题,盖好它们,看看你能否在一张空白的纸上将它们全部写出来。

第十八天：训练2

　　下文列出了自871年至1707年《联合法案》适用阶段的英国王朝更迭情况，你能不能想办法将它们联系起来？这样一来，你只要想起一个王朝，下一个王朝就会出现在你的脑子里。完成以后，盖好它们，看看你是否能够按照正确的排列顺序将它们全部写出来。

　　这组列表是按照王朝首次更迭的顺序排列的。

韦塞克斯王朝

丹麦王朝

戈德温王朝

诺曼底王朝

布鲁瓦王朝

金雀花王朝

兰加斯特王朝

约克王朝

都铎王朝

斯图亚特王朝

记忆日期

利用分块的方法简化日期

想办法将某部分日期和其他事情联系起来

使用难忘的连接方式将日期与那天发生的事情联系起来

记忆日期是怎么回事?

你可以结合目前学过的记忆方法,使记忆日期变得更容易。你也许想把别人的生日、重要的约会纪念日或是其他重要的日子记在脑子里,而不是日历上,更不想错过它们。

为什么会这样?

你可以将日期中的数字进行分组,以便让这些日期变得更加简洁,并寻找某部分日期和你所知道的知识之间的联系——所以,某个年份也许可以和那年发生的大事联系起来,或是将某个月份和那个月发生的有意义的事联系起来。你还可以通过发掘某部分日期和某个人或是某件事之间有意思的关系而将它们联系起来。

建议用时:**12**分钟

特殊的日子

既然你已经学了不少记忆方法，就可以用它们来记一记重要的日子或是其他日常信息。

比如，你想记住4月25日这个生日。那就用25/4来表示这个日子，你也许会发现，美元中的25美分也可以用"1/4"来表示，也就是说，这个日期的两部分都可以用"1/4"表示——所以，用两个"1/4"来代表这个日期，这个日子就变成了"四等分"。现在，你只需要想象一下过生日的这个人手里拿着一枚硬币或是硬币的某个面上刻着那个人的头像，就能轻轻松松地记住这个日子了。

记忆日期和数字的时候，首先要想办法把它们和你了解的事情联系起来。如果行不通，就把它们分割成更小的有意义（或是能够令你联想到有意义的事情）的部分。分割好后，你要用看得见的东西将它们连接起来，在确保不打乱顺序的前提下，让它们变得更好记——然后，再用某种方式将这些部分拉回到某个人或是某件事情上来。

数字短语

另一种表示数字的方法就是用与数字意义相等的字母替代数字。

（你如果愿意的话，也可以用10表示0，甚至用11表示1、用12表示2。）比如，要记"563"这个数字，你可以用"神奇的记忆果酱"来代替它们，因为这几个词语分别是由5个、6个和3个字母组成的[2]。

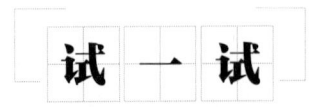

第十九天：训练1

试着记住下面这些日期以及虚构出的与它们相关的事件：

10月25日

（生日）

6月13日

（纪念日）

9月7日

（假期）

5月4日

（晚宴）

盖好上文的列表，你能否在一张空白的纸上将全部内容写下来？

---

2 "神奇的"（magic）的英文由5个字母组成；"记忆"（memory）的英文由6个字母组成；"果酱"（jam）的英文由3个字母组成。

第十九天：训练2

试着记住这些真实的历史事件发生的日期：

1975 年 4 月 4 日

微软公司成立

1976 年 4 月 1 日

苹果公司成立

1995 年 7 月 16 日

亚马逊公司成立

1998 年 9 月 4 日

谷歌公司成立

密码和PIN码

设置你能记得住的密码和PIN码

将它们与你生活中的大事联系起来，但不要选别人一下子就

能猜出来的事件

设置规则，以便你能够在不同网站修改密码和PIN码

这是怎么回事?

为了安全起见,不同的账号应该设置不同的密码和PIN码。这看起来像是一项重大的记忆任务,但只要付出一次努力,做些筹划,倒也不是什么实现不了的事情。

为什么会这样?

记住一大堆密码可不容易,如果你不想把它们写下来,那么将面临忘掉不常用的账号密码的风险——你也许就访问不了对你来说很重要的内容。所以,把密码写下来,或是像我们更经常去做的那样,不同的账号共用一个密码就显得很有吸引力。然而这么做会带来更大的问题,你也许一下子连一个账号都登不上去了。

建议用时:**18**分钟

深 入 了 解

个人密码

世界上用得最多的密码是"123456""Password"（密码）和"qwerty"（电脑键盘上第一行左起前6个字母）。这些密码的确好记，但通过强大的计算机搜索我们就会发现，还有成千上万的人也在使用这种密码。如果你重复使用同一个密码，一旦一个账号的密码被盗或被识破，其他所有的账号密码很快就不攻自破。所以，为每个账号创建唯一的密码至关重要。

即便你在使用"猴子""足球""星球大战"这类司空见惯的密码，也可以想办法在登录不同网站时适当修改密码，提高密码的安全性。比如，你可以在每一个密码的末尾缀上网站名的前三个字母。网站要是遭遇暴力攻击，这种密码肯定起不到太大的保护作用，但这至少能防止自动黑客脚本一次破解你所有的账号密码——这种密码记起来很容易，因为你只需要琢磨出一个有个性的密码系统就行。

一种更有效的方法是设置简短的密码段，然后用不同的方式将它们合并在一起，变成一长串密码。如果你学会了将密码段分别与每一个字母相连，那么，你只需要好好记上一次，就可以建立起一整套密码系统，即将每个网站名的前三个字母连接到你设置的密码段上。这些密码段最好不能轻易被别人破解，不过你当然也可以使用你熟悉的人的名字的前三个字母做密码段,比如那些以特定字母开头的名字。所以,"Hello Corp"公司也许可以用H、E和L表示——那么,你的密码段可能就是"Hel(en)""Edw(ard)"和"Lew(is)"。这样一来,你就能设置出一个相当安全的密码HelEdwLew。要掌握这种一劳永逸的方法,一开始需要付出很多心血,但只要多加练习,用起来很快就能不费吹灰之力。

试 一 试

第二十天:训练1

试着记住这些PIN码:

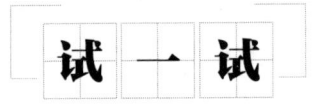

1734

9482

2957

974205

454841

16984260

第二十天：训练2

试着记住这些密码：

WALRUS255

2DONUT4

P4S5WORD5?

117

TPHAESS

D837JS44

T%54#3-A6A!

第 **21** 天

找到你的钥匙

日常生活中的小事毫不起眼

要特别留意你把东西放在了哪里

事先了解我们生活的轨迹、常去的地方，并清点数量

这是怎么回事？

我们经常乱放钥匙或是其他东西。有的时候，我们甚至想不起自己上一次是在哪见的这些东西，所以要找到它们就更难了。

为什么会这样？

我们很少留意日常用品，所以我们的大脑就不会费力去记我们把它们放在了什么地方。大脑以为我们对这些东西不感兴趣，所以它们就一点儿都不重要——有时候这样甚至能酿成大祸！相反，我们需要刻意告诉自己"我把钥匙放在了手套后面"，或是类似的提醒的话。这样，我们事后就有机会想起自己把东西放在了什么地方。我们还可以特意抽个时间，在我们经常去的地方专门腾几个放东西的地方。

建议用时：**12**分钟

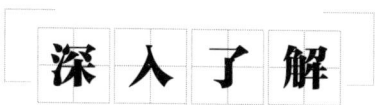

关键策略

即便我们每天都在重复同一件事，也不能说明这件事就不重要——可你的大脑却以为没必要记住你把东西放在什么地方这种小事。也就是说，你必须格外留意自己把钥匙、钱或是其他重要物品放在了哪里才行。停下来，和自己说说把东西放在了哪里，想办法让自己记得更加牢靠——比如，你要是告诉自己"我把它们放在了一个丑陋的装饰品后面"，这可能会比不提"丑陋"这个词更能加深记忆！

在我们经常去的地方腾出一两个专门放东西的地方，你每次去那儿的时候，稍微多留意一下，确保自己的确把东西放在了那里。你如果没有把东西放在该放的地方，就用前文提到的方法记录你把它们放哪了。

你如果弄丢了什么东西，就好好想想自己还记着的事情。刚来的时候你在干什么？在和谁说话？你能不能回忆出自己一步一步做过什么，然后想起自己有可能把东西放在了什么地方？

重点检查

你如果一开始就没有找到那件东西，后来再找起来就会更困难！

121

倘若连你都搞不清自己带没带它,寻找起来就会变得难上加难。为了避免这种情况的出现,你可以在自己的日常生活中添加一个小小的"记忆清查"步骤。每当离开一个地方的时候,在脑子中迅速清点自己需要带走的东西的数量。这可比——列出每一样东西容易得多,因为你也许并不熟悉那些东西,一个个去想肯定会浪费不少时间——所以,清点数量会轻松得多。

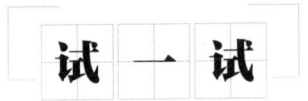

第二十一天:训练1

列出每次到家以后你打算放钥匙或是其他随身物品的地方:

1. _____

2. _____

3. _____

下次到家的时候,一定要把钥匙或是其他随身物品放在其中一个地方,最好还要留意自己究竟把它们放在了哪里。

第二十一天:训练2

你会不会找不到护照、卡、偶尔才用的钥匙、度假用品或是其他不常用的物品?

列出其中几件不常用的物品当前所在的位置（如果需要的话，可以先找到它们！）。这样一来，你就会注意到它们在哪儿，将来再找它们的时候就会轻松得多：

1. _____

2. _____

3. _____

4. _____

5. _____

第二十一天：训练3

试一试，看你能否记住下面这些物品被落在了哪个房间。根据自己的情况安排时间，仔细观察它们，然后盖住它们，看看你能否在下页的空白楼层平面图上写出这些物品。

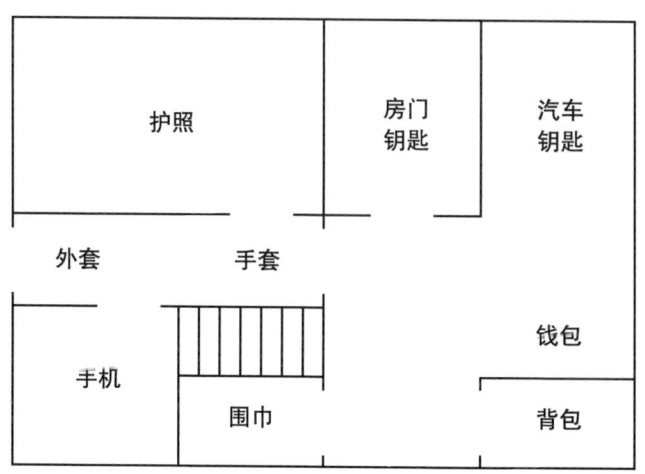

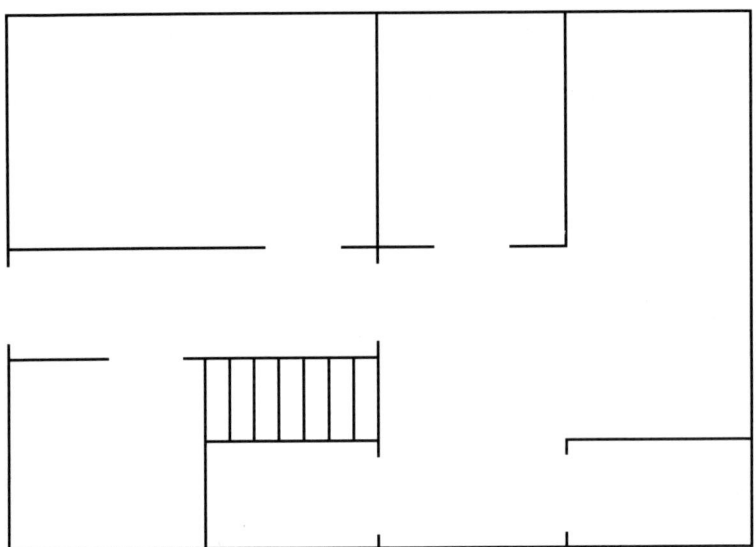

名字与长相

利用小窍门, 可以更轻松地记住人们的名字和面容

试着将人们的性格和他们的名字联系起来

这样一来, 回忆也会变得更容易

这是怎么回事？

有些人绞尽脑汁却还是记不住别人的名字——甚至长相。如果你也有这样的苦恼，这里有一些简单的记忆方法，能够帮助你更轻松地记住别人的名字和长相。将人们的相貌或是明显的性格特征与他们的名字联系起来，这样一来，你下次再见到他们的时候，一下子就能想起他们的名字。

为什么会这样？

要想记住一个人的名字必须集中注意力观察这个名字，还要有意识地将这个名字和它的主人联系起来。但凡让你做到这一点的方法都能帮助你加深记忆，不过，你如果能想办法将一个人的相貌或是性格和他的名字联系起来，让你一看到他的样子或是想起他的性格就立刻叫出他的名字，那你每次回忆时就用不着费什么力气。

建议用时：**10**分钟

名字游戏

每当你遇到一个人的时候，脑子中将迅速形成对这个人的第一印象。但再仔细观察一下，你都看到了什么？他的脸或是其他外貌特征有什么特别之处吗？哪里特别？留意那个人特殊的性格特征，想办法将它与整个人联系起来，好让你能够清楚地记住这个人。

要做到这一点，方法之一就是找到一种有趣或是押韵的联系方式。如果你遇到的人名叫鲍勃，他又恰好长了一撮奇怪的胡子，那就可以把他称为"长胡子鲍勃"[3]。而如果一个女孩叫苏珊，她又恰好个头不小，就可以叫她"矮个子苏珊"——绰号中的笑点能够帮助我们加深记忆。

将一个人的外貌和他的名字联系起来似乎有不妥之处，但只要这样做能够帮助你记住别人的名字，其实也不失为一种礼貌待人和尊重他人的方式。只要你不把给别人起的绰号告诉其他人，或是利用它对别人评头论足，就算不上失礼。

当然，盯着别人看个不停可能比忘掉他们的名字更糟糕，所以，如果你一下子发现不了别人身上格外引人注意的外貌特征，那就寻找

---

3 "长胡子鲍勃"的英文 Beardy Bob 押头韵。

其他能够让你记住他们的地方——比如,他们身上穿的造型别致的外套,或是你在哪个奇怪的地方撞见过他们。尽管这么做也许无法让你在下一次遇到他们的时候想起他们的名字,那终归会比什么都不做印象深刻。你第一次尝试这种方法可能会觉得棘手,但它的确能够帮助我们加深记忆。

从根本上讲,这个方法强调的就是集中注意力。你一定要让自己有意识地思考别人的名字,想办法将这些名字和他们的主人联系起来。倘若你不这么做,就很可能记不住他们的名字。

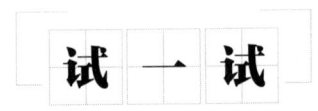

第二十二天:训练1(上)

仔细观察下面的每一张脸以及对应的名字,试着记住哪张脸对应哪个名字。根据自己的情况安排时间仔细观察,准备好以后,盖上这些图片去看下面的内容。

菲利普　　　　珍妮特

苏珊　　　　艾琳　　　　希塔

丹尼尔　　　　刘易斯

第二十二天:训练1(下)

你能在每张脸的下面写出对应的名字吗?为了增加一些难度,这些图片的位置大都做了调整。

129

第 **23** 天

视觉记忆

视觉记忆更容易储存

多年后你再看到什么东西，仍然会对它们印象深刻

利用这些技巧来帮助你记忆

什么是视觉记忆?

你一生中拍过多少张照片?不论你拍过多少照片,总能认出哪张照片出自你自己的手——即便是多年以后再去看这些照片,你也依然分得清哪张照片是自己拍的。拍照,而后欣赏照片的过程本来就会加深你对这些照片的记忆。可惜的是,除非亲眼见到它们,否则你也许根本想不起还有这些照片。

为什么会这样?

相关的记忆总会联系在一起,所以,你越了解一件事情,就越容易回忆起它的原委。图像常常激起我们对很多事情的回忆,比如与此相关的情感、曾经的旅途或是重大事件、亲戚朋友等等——所以,图像和其他的记忆紧密相连,才会让你轻轻松松就回忆起过去发生的事情。

建议用时:**12**分钟

第二十三天:训练1(上)

　　仔细观察本页的图片,然后盖好它们,阅读下页练习给出的训练方法。

第二十三天:训练1(下)

你能认出哪些图片是上页有的,哪些是新的吗?

第二十三天:训练2

　　观察左下角的图形,5~10秒后盖好它,看看你能不能在右侧的空白网格中准确地画出阴影部分。完成后,按照这种方法分别在第二和第三个空白网格中画出阴影部分。

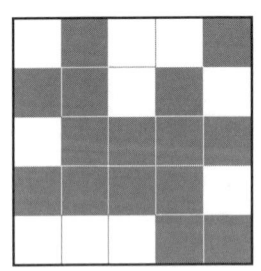
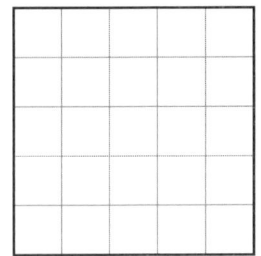

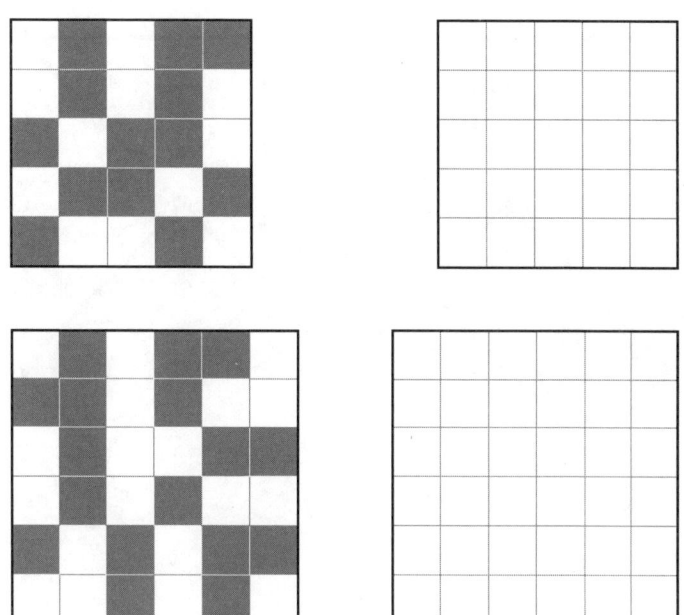

第二十三天:训练3

仔细观察下页的图形,一两分钟后盖好它,看看你能不能在它下面的网格中画出这个图形。

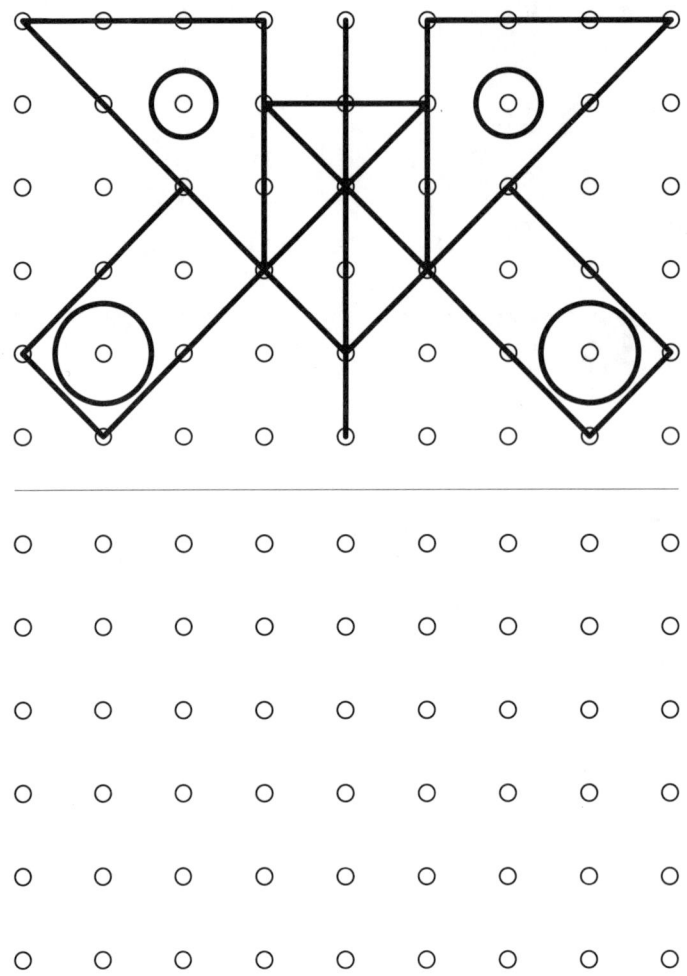

视觉记忆法

利用视觉记忆使记忆变得更轻松

在脑海中好好想象一些事情会加深你对它们的印象

使用连接的方法将想象出的事情联系起来

什么是视觉记忆法？

倘若我们之前见过某个东西的照片，当我们真的碰到它时，往往一眼就能认出它来。所以，如果我们打算记住什么，就可以在脑海中好好想象它的样子。这么做不但能够迫使我们集中精力，还能够发挥我们的本能去记住以前见过的东西。

为什么会这样？

认出自己曾经去过的地方以及自己的东西、行程、朋友和敌人对人类的进化至关重要。因此，不难发现，如果有视觉提示，我们将更容易回忆起曾经发生过的事情。我们只要在脑海中想象事情发生时的情景和这些事情的原委，就能让原本很难记住的事情在我们的视觉记忆里变得格外清晰。

建议用时：**15**分钟

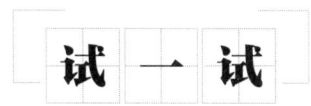

第二十四天:训练1

试着在脑中想象出下面这些东西的样子:

如果上面的训练太简单,试着想象下面这些没有多大相关性的东西的样子:

现在,不去看前面的图片,试着回忆一下前面都画了些什么。

第二十四天:训练2

想象下文列出的虚构事件,然后回答文后的问题:

有个男人被一头猪绊倒,竟赢了汤勺运鸡蛋游戏

一只气球刚好在河马摔倒的那一刻爆炸了

二十五只小狗伴着锡罐鼓的节奏跳着桑巴舞

一条金鱼在鱼缸里游来游去,弄出一个问号的形状

用亮黄色墨水在浅灰色纸上写出的二百五十页记忆训练方法

一条由巨大的菊花链编织而成的挂毯被胶带粘成了一团

这些奇怪的东西好记吗? 让我们来看一看:

气球爆炸时发生了什么?

小狗在跳什么舞?

金鱼做了什么?

记忆训练方法写在了哪种颜色的纸上?

是什么把挂毯粘在一起的?

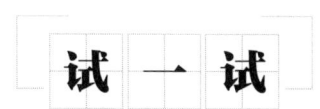

第二十四天：训练3

仔细观察网格里这条路的走向，然后盖好它，看看你能不能在下面的空白网格中画出这条线路。

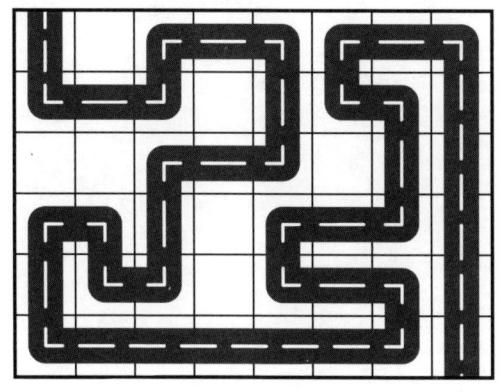

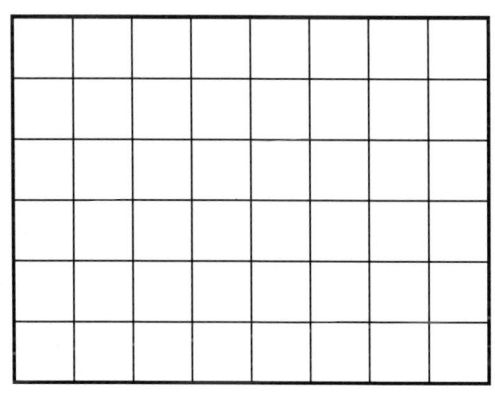

押韵与节奏

押韵的短语更好记

脍炙人口的句子记起来更轻松

编一些简短的押韵的句子，帮助你记忆特殊的知识

这是怎么回事?

一代又一代的学生曾经学过这样一句话:"1492年,哥伦布在蔚蓝的大海上航行。"虽然"蔚蓝"和任何"2"结尾的年份都能押韵[4],但仅仅因为它们的出现,这句话就变得更好记了。

为什么会这样?

你的大脑喜欢有规律、有顺序的东西。这是因为,通过观察这样的东西,你的大脑能够了解世界,找到事物之间的联系。反过来讲,你想记住的东西若能变得有规律,你的大脑就会认为它们更有意思——进而将它们记得更牢靠。你可以自己编一些押韵的短语和句子,或是干脆套用一下抒情诗、说唱音乐或是诗歌中的句子。

建议用时:**20**分钟

---

4 英语中,"蔚蓝"(blue)与"2"(two)的音押韵。

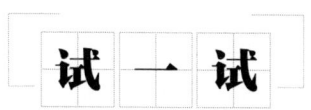

第二十五天：训练1

编一些有韵律的短诗，学习更多有关克里斯托弗·哥伦布的知识：

克里斯托弗·哥伦布生于1451年10月31日，卒于1506年5月20日。他是意大利人，却代表西班牙完成了四次横渡大西洋的航海旅行。

你编写的短诗也许只需要包含哥伦布的生卒年份和他完成了四次航行即可，不需要将日期精确到某一天。

将你编写的短诗写在下面，然后反复多读几遍。

_____

_____

_____

_____

现在，至少休息几分钟（如果你愿意，休息的时间可以更长一些），然后再来回答后面的问题：

哥伦布是什么时候出生的？

哥伦布效忠于哪两个国家？

哥伦布是在哪一年离世的？

第二十五天：训练2

编写有节奏感的短诗，帮助你记住下面这些知识点：

1770年4月29日星期天，詹姆斯·库克登陆澳大利亚植物学湾，开启了英国对澳大利亚的殖民之路。

_____

_____

_____

_____

15世纪末，意大利探险家亚美利哥（Amerigo）到达南美洲北部。后意大利历史学家马尔太尔在其著作中首先使用"新大陆"或"新世界"称呼美洲。德国地理学家华尔西穆勒以亚美利哥的名字称这块大陆为"美洲"（全称"亚美利加洲"，Americas）。

_____

_____

_____

_____

第二十五天：训练3

根据自己的实际情况，编写押韵或是有节奏感的文章，帮助你记住下文列出的这些名字：

索菲娅

杰克逊

伊莎贝拉

洛根

阿米莉娅

卡特

哈珀

蕾拉

雅各布

艾拉

第 **26** 天

首字母缩写法

记住带有缩略词的短的顺序和集合

将多个事项缩写为一个单词

这个方法可以辅助记忆其他单词

什么是首字母缩写法？

你总觉得那一堆东西很熟悉，却可能怎么都记不全它们。这时候，首字母缩写词或是缩写词就能派上用场。你只需要记住一个东西，将来就能把那一堆东西都记起来。这就是"首字母缩写法"[5]。

为什么会这样？

首字母缩写或是一般的字词缩写是减少你所需要的信息数量的好方法。你只需记住一个"字"，事后就能在它的提醒下，想起组成它的所有文字。这个方法适用于包含少量信息的组的记忆，也能够用于简短顺序的记忆。

建议用时：**20**分钟

---

5 在中文环境中的可以用首字以方便记忆，如"北上广"可以表示"北京""上海""广州"，太阳系八大行星从内到外排布依次可称为水（水星）、金（金星）、地（地球）、火（火星）、木（木星）、土（土星）、天（天王星）、海（海王星）。——编辑注

什么是首字母缩略词？

首字母缩略词是指取其他词的第一个字母代表这几个词构成的新词，如"DVD"可以表示"数字激光视盘"[6]。不少常用的网络缩略词也是首字母缩略词，比如"LOL"表示"大声笑"[7]，"TL;DR"表示"太长;没读"[8]——所以，它也可以用来简化你的笔记。

首字母缩写

首字母的缩写用不着特别巧妙。比如，当你去记彩虹的颜色时，也许很容易就能想到ROYGBIV[9]，但这个词的确算不上朗朗上口。

你如果特别熟悉某个话题，用起首字母缩写的方法就会得心应手。可你要是对生物化学一窍不通，就算你能记住"G-CAT"这个首字母缩略词，也未必能记住DNA的四个碱基是鸟嘌呤（缩写为G）、胞嘧啶（缩写为C）、腺嘌呤（缩写为A）和胸腺嘧啶（缩写为T）。

---

6 DVD 是 digital video disc 三个词的首字母缩略词。
7 LOL 是 laughing out loud 三个词的首字母缩略词。
8 TL；DR 是 too long；didn't read 四个词的首字母缩略词。
9 彩虹的颜色分别是ROYGBIV（Red 红色，Orange 橙色，Yellow 黄色，Green 绿色，Blue 蓝色，Indigo 靛蓝色，Violet 紫色）。

一般的字词缩写

想记住一些东西,你未必要创造出完美的首字母缩略词。你喜欢什么样的缩略词就可以用什么样的缩略词,比如,你也可以选取科罗拉多州和丹佛两个地名最前面的字"科丹"(如果你喜欢的话,也可以是"丹科")来记住丹佛是科罗拉多州的首府。"科丹"本来就比两个单独的词更好记,只要你对科罗拉多州和丹佛足够了解,一见到这两个字就肯定能想起科罗拉多州和丹佛。

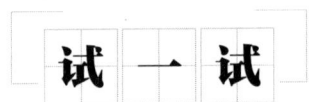

第二十六天:训练1

创造一个首字母缩略词来帮助你记忆经典诗歌《圣尼古拉斯来访》中圣诞老人的八只驯鹿的名字:

达舍

丹瑟

普兰舍

维克星

科米特

朱庇特

唐德

布利琛

我们不难猜出这里绝大多数名字的起源，不过你也许还不知道，最后两只驯鹿的名字来自荷兰语，分别代表雷和闪电。

第二十六天：训练 2

这里有一系列真实的历史建筑供你进行缩写记忆训练。你能否想办法将下文列出的世界七大奇迹凑到一起？这一次，你可以打乱它们的顺序。

罗德岛太阳神巨像

吉萨金字塔

巴比伦空中花园

亚历山大灯塔

摩索拉斯王墓

奥林匹亚宙斯巨像

阿尔忒弥斯神庙

七大奇迹中唯一一座至今仍屹立不倒的建筑是位于埃及吉萨的吉萨金字塔。

第二十六天：训练3

找几个你总是记不住的东西，试着自己创造一个首字母缩略词或其他缩略词，以便将来能够更容易想起它们。在下面写出你打算用于训练的内容：

_____

_____

离合诗

短语的第一个字母可以当作提示词

贴切或是引人发笑的短语最好记

押韵和节奏感强的句子也可以使用

什么是离合诗?

想想那句家喻户晓的话——"每一个好孩子都应该快快乐乐",这句话就是以"EGBDF"开头的[10]。人们常常用这些字母教别人看乐谱,因为这几个字母代表了高音谱号上的音符。这句话要比"EGBDF"好记得多,因为这几个字母的组合很难像首字母缩略词那样发成一个音。这就是"离合诗"记忆法[11]。

为什么会这样?

如果你很难记住一串字母,特别是无法按照你的要求重新排序的字母,那就记记以这些字母开头的词语组成的句子,这样的句子会比字母好记得多。倘若句子朗朗上口,记起来就会更容易。

建议用时:**20**分钟

---

10 "每一个好孩子都应该快快乐乐"的英文"Every Good Boy Deserves Fun"分别是以E、G、B、D、F开头的。
11 可利用中文谐音字辅助创作方便记忆的离合诗。——编辑注

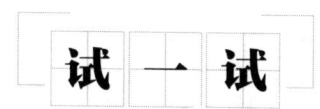

第二十七天：训练1

你要是觉得"ROYGBIV"不好记，就可以换种方式，通过记"约克郡的理查德白费力气"[12]这句话来记住彩虹的颜色。

试试看，你能不能自己编出一个有关彩虹颜色的离合句，尽量编一些能够脱口而出的句子，否则也可能不太好记。

第二十七天：训练2

现在，按照距离太阳由近及远的顺序，试着给八大行星编一个离合句：水星、金星、地球、火星、木星、土星、天王星和海王星。

---

12 "约克郡的理查德白费力气"的英文 "Richard of York Gave Battle In Vain" 分别以 "ROYGBIV" 几个字母开头。

MVEMJSUN

_____

_____

_____

第二十七天：训练3

现在试着编一个更长的离合缩略句来帮助你记住以下英国所有国王和王后的名字：

安妮女王

乔治一世、乔治二世、乔治三世以及乔治四世

威廉四世

维多利亚女王

爱德华七世

乔治五世

爱德华八世

乔治六世

伊丽莎白二世

第二十七天：训练4

练习写一句离合诗，帮助你记住以往十届夏季奥运会的举办地

点。以下为这十届奥运会的举办地点：

1960年：罗马

1964年：东京

1968年：墨西哥城

1972年：慕尼黑

1976年：蒙特利尔

1980年：莫斯科

1984年：洛杉矶

1988年：首尔（时称"汉城"）

1992年：巴塞罗那

1996年：亚特兰大

第 **28** 天

记忆桩

你要是能想象些记忆桩出来,列表记起来就会更容易

然后,你就能够用各种各样的方法将东西挂在记忆桩上

创造记忆桩是一件一劳永逸的事情

什么是记忆桩？

　　你任意创造一系列视觉记忆桩，比如鞋、网球拍、黑猩猩等等，然后记住它们。下一次你打算记住列表的时候，只要把列表里的东西"挂"在记忆桩上就行。将你的记忆桩视觉化能够帮你加深记忆，还能让你记忆的东西活灵活现。因为你已经把记忆桩们记得相当牢靠，这种难忘的联系能够帮助你回忆起整个列表——连顺序都不会错。

为什么会这样？

　　视觉上的联系非常令人难忘，当这种联系有些搞笑或是出其不意的时候，效果就会更加明显。通过提前学习能够与其他东西联系在一起的列表，你将来再记其他列表就会相当容易。

建议用时：**25**分钟

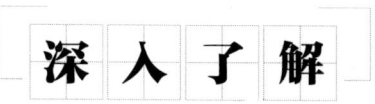

埋几根记忆桩

创造记忆桩系统首先要埋几根记忆桩。记忆桩可以是你喜欢的任何东西，但你的大脑必须能够立刻想象出这些东西的样子才行。比如，倘若你的系统里有五根记忆桩，它们没准会是：

一条软管

500块拼图

一双荧光鞋带

一群蜜蜂

一副扑克牌

下一步，你必须记住这些记忆桩，这兴许会花费些精力，但不论你将来需要记住多少列表，记记忆桩这件事只做一次即可。

现在，当你需要记住一个列表，就想办法把列表中的内容挂在记忆桩上吧。所以，倘若你想记住的列表上写着橙汁、培根、苹果、鸡蛋和巧克力，你也许可以想象一下：

橙汁从软管里流出来

用培根做了一堆可以吃的拼图

鲜艳的鞋带上挂着几个苹果

蜜蜂追赶着一个从山坡上滚下去的鸡蛋

用带巧克力边的纸做成的一副扑克牌

要记住这些内容,只需要回忆一下先前记住的记忆桩。

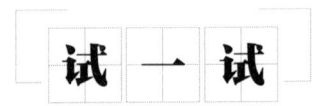

第二十八天:训练1

试着创造你自己的记忆桩。找出八个你一下子就能想象出来的东西,就是你真的能够想象着把其他东西"挂上去"的东西。这八种东西若能分属不同的类别会更好。这些东西不见得都是实物,你也可以把"天堂"这种抽象概念当作记忆桩,或者是你熟悉的地方,比如把特殊的环形交叉路口、房间或是其他地方当作记忆桩。

写下你最先想出的八根记忆桩吧:

1. _____

2. _____

3. _____

4. _____

5. _____

6. _____

7. _____

8. _____

花些时间记住你的记忆桩。起初,你努把力记住它们,将来一定能够得到回报。

第二十八天:训练2

一旦你创造出自己的记忆桩,就可以利用它们去记住更多的物品列表。第一步,想办法将需要记忆的东西和记忆桩联系起来。那么,试着将你自己的记忆桩和下文列出的东西依次联系起来吧。倘若你还没有记住自己的记忆桩,那就回过头再去复习一下吧。

1.果酱甜甜圈

_____

2.红色汽车

_____

3.玉米穗

_____

4.钻石戒指

_____

5.蜗牛

_____

6.干草堆

_____

7.一包便笺纸

_____

8.洗碗机

_____

第二十八天:训练3

现在,你有了几根记忆桩,也有了一堆需要挂在记忆桩上的东西,还有了将这些东西挂在桩子上的想法。

重新读读训练2中的列表,试着用你想到的办法将这八样东西和你的记忆桩联系起来记忆。

完成这一步,就到了检验你记忆桩的时刻啦!如果你还没有记牢自己的八根记忆桩,就在下面写写它们吧:

1. _____

2. _____

3. _____

4. _____

5. _____

6. _____

7. _____

8. _____

现在,不要回头去看,试试你能不能将自己打算记住的八样东西写在下面:

1. _____

2. _____

3. _____

4. _____

5. _____

6. _____

7. _____

8. _____

第二十八天:训练4

再创造两根记忆桩,这样你现在就凑够十根记忆桩了:

9. _____

10. _____

现在,建立视觉联系,用你的十根记忆桩来记住下面这十种东西吧:

1.巧克力块

2.电脑键盘

3.路由器

4.木星

5.小卵石

6.鲸鱼

7.一堆硬币

8.保湿霜

9.网球

10.字典

　　准备好以后，就盖住前面的列表，看看这十种东西，你还能记起多少。在一张空白的纸上写出你记住的东西。写完以后，和上文的列表比对一下。你记得怎么样？

第 **29** 天

记忆宫殿

记忆列表的有效记忆方法

需要提前记一些东西，但绝对值得一试

不但能够记住列表中的东西，还能够记清它们在列表中的排

列顺序

什么是记忆宫殿？

记忆桩是记住列表的好方法，不过你也可以利用记忆宫殿，让记忆桩发挥更大的作用。那么什么是记忆宫殿呢？它是你记忆中的一座建筑，宫殿里都是固定线路。你可以把东西沿着线路"储藏起来"，以便事后回忆它们。

为什么会这样？

倘若你思考的其他事情可以触发你对某件事的记忆，那你回想起这件事就没那么困难。想象自己熟悉的环境，记住你在其中的固定行走路线，就为你提供了预先记住自己打算记的东西的触发器。你在想象自己行走路线的过程中，能够利用强大的视觉回忆能力帮助自己将需要记住的东西和触发器连接起来。

Time 建议用时：**25**分钟

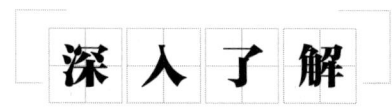

搭建你的宫殿

一座宫殿里有很多房间，但你可以从小处着手，从自己熟悉的房间开始。比如，我们假设宫殿里有一条通往客厅的门廊，你可以穿过客厅去厨房，或是上楼进卧室。这座宫殿，以及宫殿里的路线就是你的"记忆宫殿"。

你在宫殿里停留的次数越多，就越容易记住更多的东西。

不论你选择什么样的路线，第一步都是要记住它。记住路线是一劳永逸的事情——所以，你有必要花些时间去搭建一座结实华丽的记忆宫殿，要知道，你的余生都可以在宫殿里徜徉。

你还可以从小处着手。当你能够越来越熟练地使用记忆宫殿，就可以在里面增加些房间或是其他地方。这些房间用不着和真实世界有牵连，所以，你也许可以穿过卧室的窗户，走到办公大楼、健身房，甚至是主题公园。只要你熟悉这些地方，能够一下子想象出它们的样子就行。

和其他最有效的记忆方法一样，记忆宫殿在使用之初需要你付出不少努力，然而未来的许多年里，你却能够获得巨大的回报。所谓回

报，就是你拥有了快速准确地记忆一大堆东西的能力。值得注意的是，
"东西"表示泛指——你还可以将数字、姓名、人、地点和所有其他的东
西放进你的记忆宫殿。只要你有办法想象出它们，就能把它们存起来。

使用你的宫殿

搭建好宫殿，就到了使用它的时间啦！我们将使用上一页的示例
宫殿，不过你也可以使用你自己的记忆宫殿。

假设你想记住下面这些东西，它们相当不起眼，所以实质上并不
好记：

奶酪　　火腿　　报纸
面包　　黄油

现在，你可以这样使用你的记忆宫殿：

将奶酪放在大厅。比如，你可以想象一块有洞的奶酪挂在钥匙扣上。
将客厅的桌子换成一条长面包。
用火腿片装饰厨房的墙壁。
将黄油涂满每一级台阶。滑溜溜！
将你常铺的床单换成一整张报纸，再用大量胶带将它们粘在一起。

你想象得越搞笑、越离谱越好。这将有助于你的记忆，因为搞笑
的事情通常更容易记，还因为你琢磨出搞笑的事情本身就会耗费不少
工夫，这也能帮助你加深记忆。

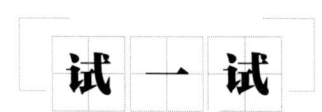

第二十九天：训练1

现在，轮到你啦！使用示例中的记忆宫殿，或是你自己的记忆宫殿。你的宫殿里至少要有五间屋子，试着记一记下面这些奇怪的东西：

断了的电话线

一头巨大的充气驴

一盒少了白皇后的国际象棋

你小时候的褪色照片

一堆没洗的袜子

刚读完上面这些东西的几分钟内，你脑子里也许会对它们有些印象。可你认为自己明天早上还能记住它们吗？倘若你只读了一遍，明早很可能会忘掉它们。但你要是能把它们放在你的记忆宫殿里，就极有可能记得它们。记忆宫殿中的房间和这些东西之间的联系越密切，你就越容易回忆起它们。

走进你的记忆宫殿，将每样东西摆好。每进一个房间，就想办法将东西和这间屋子联系起来。电话线可以绑在大厅的门上吗？驴可以大到挤满整个客厅吗？

在熟练使用记忆宫殿之前，你也许觉得把每样东西摆进屋子十分缓慢——特别是那些复杂的东西，比如这项训练中提到的东西。然而，正如许多事情一样，熟能生巧，时间一长，你就会建立起一座能够一遍又一遍地使用的相连概念库。

到目前为止，你觉得自己的记忆宫殿用得如何？你能记起上文提到的五种东西中的哪几个？

你要是还没有记住你的记忆宫殿，就先写下你摆东西的房间吧——不过，千万不要回头去看那些东西。如果你在使用示例宫殿，那么里面的房间就包括门廊、客厅、厨房、楼梯间和卧室。

现在，试着写出上一页提到的五种东西，尽量详细描述出它们的样子：

1. _____

2. _____

3. _____

4. _____

5. _____

你写得怎么样？翻到上一页对照一下。记忆宫殿是否帮助你记住了那五种东西，以及具体细节？

如果你忘记了哪样东西，就停下来想一想，你是如何将这些东西和房间联系起来的。这些东西之间的关联性不强，但只要它们与房间之间的视觉联系更醒目，它们就更好记。不论何时，你都该花些时间琢磨琢磨这些东西怎么联系起来才最好——第一次想出的联系未必就是最好的。

第二十九天：训练2

列出你的记忆宫殿里有，或是可能有的房间。按照在现实生活中有意义的游览顺序给它们排序，只有这样，当你想象自己在游览的时候，才会自然而然地照着这样的路线行走。

1. _____

2. _____

3. _____

4. _____

5. _____

6. _____

7. _____

8. _____

第二十九天：训练3

使用上文列出的记忆宫殿的房间（你大可翻到前面去看看它们，不用记），试着摆放，然后检索下面列出的八种东西：

鱼　　电话　电视　托盘

帽子　果汁　猫　　盒子

带记忆桩的宫殿

记忆宫殿由房间之间的线路组成

你可以在每个房间里埋些记忆桩

将这两种方法结合起来，以便记忆长列表

怎么回事?

如果什么人记住了一长串东西,令你印象深刻,那他们很有可能使用了带记忆桩的记忆宫殿这种方法。这种记忆方法采用了第二十九天的路线概念,并将其与第二十八天提到的记忆桩的概念结合了起来。你只需要在通往每个房间的路线上埋些记忆桩,比如,你也许可以沿顺时针方向绕着房间走上一圈,看看里面的记忆桩,现在你可以将所有的东西挂在房间里的记忆桩上,而不是直接将东西摆在房间里(就像在普通记忆宫殿里一样)或是挂在想象出的记忆桩上(就像运用最简单的记忆桩系统那样)。

为什么会这样?

搭建一座足以容纳一大堆长列表的宫殿很有挑战性,不过只要在通往每个房间的路线上埋些记忆桩,你就更容易记住更多的东西。

Time 建议用时:**25**分钟

深 入 了 解

在宫殿里埋些记忆桩

如果你已经按照第二十九天的要求搭建了自己的记忆宫殿，就可以试着在房间里埋记忆桩了。倘若你的宫殿是依照现实中的房间搭建的，那用起来也许相对简单不少。房间里有没有特别显眼的东西，比如油画、沙发、桌子、窗户、洗手池、特定装饰品之类的东西？如果有，那你只需要捡起自己打算用作记忆桩的东西，把它们埋在路线上就行了。想象自己沿着固定线路在房间里走动，你一定忘不了屋里这些东西的排列顺序。

即便你已经搭建好了记忆宫殿，也可以一点一点地往每间屋子里埋记忆桩，慢慢扩大宫殿的空间。就和我们现实生活中一样，你不必一开始就在房间里摆满家具。比如，你门厅里的记忆桩完全可以是房门、挂钥匙的钩子和小木板。将来，你也许可以再在那里挂上衣帽钩，摆上餐具柜。重要的是，你能一下子想象出那个地方以及里面的记忆桩，不用再耗费精力去琢磨这个记忆方法借助的记忆桩到底是什么。

使用房间里的记忆桩最大的好处在于，记忆房间/记忆桩会比记一堆乱七八糟的记忆桩容易得多，尤其是记忆桩和房间基于实际情况的时候。同时，你对房间里的路线越来越熟悉，就能越来越快地进入宫殿，想办法在自己曾经记住的列表中添加些新的东西。

切记要记住每个房间里记忆桩的排列顺序。比如,当你沿着顺时针方向或是能够帮助你想起现实生活的路线在屋里走动的时候,别忘了好好琢磨琢磨里面的东西。

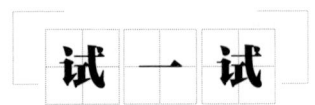

第三十天:训练1

下面要写的内容并不一定是你最终确定下来的记忆宫殿和里面所有的记忆桩,不过你可以先选出四个房间,并写下你很有可能埋在里面的记忆桩:

房间:_____

有可能埋在里面的记忆桩:_____

房间:_____

有可能埋在里面的记忆桩:_____

房间:_____

有可能埋在里面的记忆桩:_____

房间:_____

有可能埋在里面的记忆桩:_____

第三十天:训练2

使用你带记忆桩的记忆宫殿(或是前文提到的记忆宫殿),试着在里面摆放下面列出的15种东西:

微波炉

餐盘

桌子

钢笔套装

拼图书

大脑模型

体重秤

一双袜子

足球

地球仪

路由器

衬衫

现代艺术海报

泰迪熊

激光打印机

购物清单

你可以在日常工作中使用记忆方法

购物时试试你掌握的记忆方法

你可以把自己的要求放在记忆宫殿里

这是怎么回事?

下次去买食品和杂货的时候,试着用记忆宫殿来记住你需要买的东西。以防万一,你也可以随身带一份写好的清单,不过一定要有意识地在日常生活中使用你的记忆力。你也许还不习惯使用记忆力,但多做记忆力训练能够帮助你提高自己的直接记忆能力。

为什么会这样?

与其留着记忆技巧,等着去记那些忘了就会出大事的事情,不如抓住一切机会练习记忆力,让自己熟悉这些技巧。比如,将东西放在记忆宫殿里的经验能够让你在需要的时候迅速将东西储存起来。

建议用时:**25**分钟

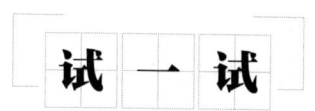

第三十一天：训练1

试着记一记下面这些需要购买的水果清单。你可以使用记忆宫殿和/或记忆桩的方法，或是其他你喜欢的方法。对于那些无法一下子想象出来的水果，你可以想别的办法将这些水果的名字联系起来——比如其中的字或是这些词的声音。

桃子　　金橘

杏　　　阳桃

丑橘　　梨

葡萄柚　蜜橘

橙子　　柿子

第三十一天：训练2

你也许想知道如何才能最有效地记住数量。如果东西不多，你可以把它们画出来，或是把每样东西多想几遍。但要是东西不少，你就需要用其他图像来表示它们，我们会在第三十四天的训练中具体谈论这个问题。现在，试着记一记下面的购物清单：

5个苹果　　2个菠萝

3根香蕉　　4个木瓜

10个草莓　3个杧果

187

第三十一天:训练3

试着记一记下文列出的做汉堡可能用到的材料:

鳄梨	生菜
培根	蛋黄酱
牛肉	薄荷
甜菜	蘑菇
圆面包	芥末
奶酪	洋葱
鸡肉	胡椒粉
红辣椒	猪肉
鸡蛋	开胃菜
小黄瓜	盐
墨西哥胡椒	甜辣椒
番茄酱	豆腐
羊肉	西红柿

等你记住这个列表后,就试着写写里面的26种食物,看看你能不能一个不落地写出它们。

第三十一天：训练4

现在，试着记一记下面列出的图片购物清单：

189

记忆文稿

有时候，你需要一字一句地记住课文

重复与结构化计划是不错的方法

目的是记住关键点，再将它们串联起来

怎么回事？

你有时也许要使用之前学过的语言准确介绍自己事先准备好的演讲梗概，甚至是整篇演讲稿的内容。为了做到这一点，你可以利用目前为止学过的所有记忆方法。

为什么会这样？

你当然可以一遍一遍地读文稿来记住里面的内容，不过，如果能利用结构化方法，你记起这些内容来就会容易不少，也更接近成功。反过来说，结构化的方法会让你摆脱被逼无奈的心境，增强自信心。

建议用时：**25**分钟

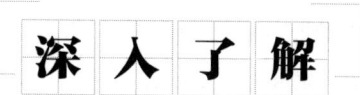

记住文稿

首先,将文稿划分为几个主要部分。由于文本的长度不同,这些部分也许就是几句话,甚至是组成句子的几个短语——当然也能够是一篇长长的演讲稿中的几个话题。现在,你可以一个一个地去记这些部分,并将注意力集中在对你来说最难的部分。

别忘了,重复是记忆的关键所在。在一个小时、几个小时、第二天以及接下来的日子里一遍一遍地重复某部分内容,你就能对它们谙熟于心。找出自己总是记不住的部分,再多重复几遍。

如果你很难从一部分过渡到另一部分,或是从一句话转移到另一句话,那么可以使用连接的方法,利用能够帮助你记住每部分开头内容的视觉提示将各个部分串联起来。比如,一句以"英国最大的城市……"开头的句子就可以用一座大城市的视觉图像来表示。接下来,你可以利用视觉提示,将这句话和前面的一句联系起来,以便更好地记住它。

你还可以将每句话的开头部分放入记忆宫殿。不过,如果你需要记住很多文稿,就需要在回忆文稿内容的时候始终沿着宫殿里的路线走。你肯定不愿意每次一想找哪个提示,就回到宫殿门口,从头再走一遍——否则,随着提示数量的不断增加,这种方法用起来只会越来越困难。然而,如果你可以在阅读课文的过程中记住存储的具体位置,那么就能像记住宫殿里的房间和记忆桩一样记住许多线索。

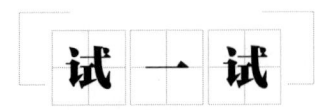

第三十二天:训练1

试着去记济慈撰写的《秋颂》的第一节。这首诗本身的韵律能够帮助你记住它。

雾气洋溢,果实圆熟的秋,

你和成熟的太阳成为友伴;

你们密谋用累累的珠球,

缀满茅檐下的葡萄藤蔓;

使屋前的老树背负着苹果,

让熟味透进果实的心中,

使葫芦胀大,鼓起了榛子壳,

好塞进甜核;又为了蜜蜂,

一次一次开放过迟的花朵,

使它们以为日子将永远暖和,

因为夏季早填满它们黏巢。

第三十二天：训练2

试着记住阿瑟·柯南·道尔爵士撰写的《福尔摩斯历险记》的开头段。

"对夏洛克·福尔摩斯来说，她始终是'那位女人'。我极少听到他用别的什么名字来称呼她。在他心目中，她出类拔萃，光芒盖过了其他任何一个与她同样性别的人。这倒并不意味着他对艾琳·艾德勒抱有什么类似爱情的感觉。一切感情，特别是爱情，与他那沉着冷静、思维精准并完美平衡的头脑都是相互抵触的。在我看来，他简直就是一架世上所能见到的、用于推理和观察的最完美无瑕的机器。然而作为情人，他却总是把自己置于错误的位置。他从来不会温情脉脉地讲话，或是减轻一些讥讽和嘲笑的口吻。而对观察家来说，这种甜言蜜语却是值得赞赏的——因为通过它可以很好地描绘出人们的动机和品行。但是对于一个训练有素的推理者，容忍这种因素侵扰他所拥有的那种细致严谨的性格，则会导致注意力分散，使他全部的智力成果遭到质疑。一粒落入精密仪器中的沙砾，或是他高倍放大镜镜头上的一条裂纹，所起到的干扰作用都不会比一种在他天性中掺入的强烈情感来得更大。然而对他来说还有一个女人——已故的艾琳·艾德勒——留存在他那模糊的不确定的记忆之中。"

多加练习

学习了新的技能就要多加练习

即便你耗费两倍的时间，也不见得就能记住两倍的内容

睡眠对巩固记忆意义重大

怎么回事?

当你学习了一项新的技能,你的程序性记忆(正如第四天讨论的那样)令你能够不知不觉就使用这项技能。不过,为了有效地使用新技能,你必须多加练习,让你的大脑有机会从经验中习得这项技能。

为什么会这样?

当你睡觉的时候,你的大脑却在处理你一天当中记住的东西。尽管通过较长时间的练习,你也许能够记住更多的东西,但效果只会越来越差——你休息以后,大脑才有机会好好处理你做过的事情,提高你使用技能的能力。此外,虽然你在睡梦中,但你的大脑只要想象出你在使用肌肉的样子,就能够锻炼这些肌肉。

建议用时:**20**分钟

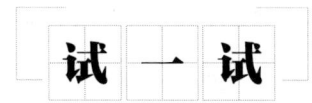

第三十三天：训练1

你玩过杂耍吗？杂耍是第四天进行的一项记忆力训练，它其实并没有看上去的那么难。

找出三种差不多大小的东西，三种通过练习就可以从一只手扔到另一只手里的东西。玻璃杯和生鸡蛋并不合适，蜜橘和网球才是更好的选择。用这些东西来做抛接球的训练。

第一天，从抛接一个球开始训练。将一个球抛向空中，再用抛出它的那只手接住它。不断重复，直到你能够把球直直地抛上去，不用挪动双脚就能接住它为止。接下来，用另一只手重复这项练习。

第二天，检验一下第一天的训练效果。如果你能够轻松接住一个球，就可以开始第二步的训练了。倘若接球有困难，再重复第一天的训练。做完第一步的准备工作以后，试着将球抛出个弧线，用另外一只手接住它。不断重复，直到你不用挪动双脚就能轻轻松松地接住它为止。接下来，再用另外一只手重复这项训练。

继续重复第一天和第二天的训练，让自己能够比较轻松地完成这些动作。接着，再拿出一个球，用你的惯用手将它抛向另一只手。过一小会儿——当第一个球还在空中的时候，将第二个球从你的非惯用手抛向惯用手，并接住两个球。不断重复，使你能够娴熟地完成这个动作。而后接着重复，直到你能够连续不断地抛接球。现在，你已经能够抛接两个球了。

下一步，再拿出一个球。用你的惯用手抓住两个球，另一只手抓住一个球。按照上文提到的抛球顺序，在非惯用手抛出球后，立刻再抛出一个球。然后保持这个动作，不断练习！

第三十三天：训练2

你会玩找牌魔术吗？所谓找牌魔术，就是魔术师假装随便挑出一张扑克牌，或是让别人随意挑出一张扑克牌的魔术表演，实际上，他们早就准备好了一张特殊的牌。要玩这个魔术可以有成百上千种方法，这里将介绍一种只需稍加练习就能掌握这个魔术的简单方法。

首先，拿出一副扑克牌，正面向下摆在桌子上。接着，在表演找牌魔术之前，将那张特殊的牌正面向下摆在所有扑克牌的最下面。

当你做好准备，可以开始表演的时候，就拿出扑克牌，随意洗一洗。切记抓牢扑克牌，千万不要让你周围的人看到扑克牌的正面。和我们平时洗牌不同的是，洗牌时必须确保摆在最下面的扑克牌始终待在最下面的位置。这样一来，摆在最下面的那张扑克牌就还是原来那张。

最后,你还要用特别的方式洗一次牌。拿牌的手的拇指和其他手指捏紧扑克牌,洗牌的手使劲抽出摆在中间的扑克牌。这样一来,摆在最上面和最下面的扑克牌就会"合"在一起,也就是说,你拿牌的手里只剩下了两张扑克牌——第一张和最后那张特殊的牌。迅速将剩下的牌放在这两张牌的下面,千万不要让任何牌压在它们上面。现在,你想变出来的那张牌就在从上到下第二的位置上。你要是想把那张特殊的牌摆在最上面,可以再按照特殊洗牌方式洗一次牌(这样一来,特殊的牌就在你拿牌的手最上面的位置),再将包括特殊牌的那摞扑克牌放在最上面,其余的放在最下面。

第三十三天:训练3

这里还有一个只要稍加练习就能掌握的简单魔术。不过这个魔术却会给你留下极其深刻的印象,就是要将一枚硬币从一只手变到另一只手里。

你会用到两枚硬币——硬币越重越好,如果是两枚等值的硬币,变起来就会更容易。

将一枚硬币放在惯用手拇指下方的手掌处,用大拇指压住硬币,将它固定好。接下来,用惯用手拿起另一枚硬币,将它放在拇指对面的手掌处(小拇指下方)。

现在,固定好两枚硬币,将两只手的手背平放在桌子上,这样一来,你的手掌朝上,刚好露出两枚硬币。这两枚硬币看上去像是随意放在了手掌上——而不是故意摆成现在的样子。

确保双手之间隔开两手掌宽的距离。现在，将两只手的边缘贴在桌子上，迅速翻转双手，使手掌平放在桌子上。如果你的动作准确，那你的两个大拇指就正好挨在一起。

为了想象这样的场景，你可以假想自己在桌子上放了一本两侧勒口展开的书。两侧的勒口相当于你的双手。接着，你将两侧的勒口折叠好，它们正好在书本中央汇合。这便是你要做的事情。

就这么简单。你一翻转双手，大拇指压住的硬币就会溜过去，藏在另一只手里。倘若你没有马上做到这一点，就多尝试、多练习，直到掌握它。

数字方法

利用分块方法缩短多位数

提前学习用形象的东西表示有用信息的方法

根据十倍乘法表记忆

怎么回事？

　　记忆数量及一般的数字并不容易。对于较长的数字，可以使用分块的方法缩短它们，再利用一系列事先记住的视觉图像记忆这些缩短后的数字，每个图像对应一个数字。

为什么会这样？

　　数字和任何视觉形象之间的联系都不够紧密，一长串的数字就更是如此。不过，你还是能够创造出自己的数字视觉形象，并利用记忆宫殿或是其他记忆方法将数字挂在记忆桩上。

建议用时：**15**分钟

不同寻常的数字

我们已经学习过将多位数分组，变成更容易记忆的小块的方法。这些小块可以根据表示数字的词语分组，比如"五十"就比"五和十"更好记；也可以根据对你来说有意义的数字分组，比如，你也许能够将2513分为25和13[13]，把这两组数字理解为"圣诞节真倒霉"——你没准可以想象着圣诞老人正在沿着梯子向下爬的样子。这幅图像可比任意数字2513好记得多。

有些数字也许对你来说非同寻常，你一下子就能记住它们。比如，你生日所在的月份就可以被想象成"生日"。图像还能够修饰其他图像，换言之，图像可以用作形容词，而且效果显著。你要是想买15张彩票，而你的生日恰好是当月的15号，你就可以想象成"生日彩票"（没准是印在横幅上的彩票？）。

数字越小，就越容易和图像联系起来。你甚至能够为一个数字想象出多个不同类型的图像，以便灵活使用。你只需要"0"到"9"这几个数字的图像，就能表示所有的数字，不过，倘若至少找出31幅图像来表示每个月当中的每一天，效果会更好——尽管这取决于你期望自己能够识别哪些内容。

---

13 西方人认为 13 是一个不吉利的数字。

你不大可能一下子为每个数字创造一幅图像。你需要循序渐进，验证一下你创造出的形象，看看它们的修饰效果如何——看看你能记住多少。

第三十四天：训练1

借助你喜欢的方法，试着记住下面这些数字。一开始，你可以一个一个地去记它们，不过接下来，一定要试着将它们看作整体去记。你能记住所有的数字吗？

12,579

97,538,642

184,000,002

313,454,636

287,582,829

第三十四天:训练2

思考一下,你可能用哪些图像表示从0到9这几个数字。从那些能让你一下子想象出图像的数字着手,不失为一个好方法。你使用的图像最好能够用来修改其他图像,这样一来,你就可以将一种东西及它的数量挂在同一根记忆桩上了。

0: _____

_____

1: _____

_____

2: _____

_____

3: _____

_____

4: _____

_____

5: _____

_____

6: _____

_____

7: _____

_____

8: _____

_____

9: _____

_____

语言方法

利用记忆方法拼写词语

将注意力放在容易出错的字母上

利用"舌尖效应"寻找词语

怎么回事？

你会不会怎么也分不清"stationary"（平稳）和"stationery"（文具），或是"dependant"（寄人篱下的人）和"dependent"（依赖）这种词[14]？或是有时拿不准"容纳""尴尬""康复"怎么写？你可以使用记忆方法来解决这些问题。

为什么会这样？

非常形近的词，或是拼写方式奇怪的词都不易使用。因此，创造简单的记忆辅助工具来提醒自己某些词的拼写或词义有时会搞得你一头雾水。通常而言，你只需要将注意力放在词语中容易出错的部分即可。

建议用时：**15**分钟

---

14 "平稳"（stationary）和"文具"（stationery）的英文很相似；"寄人篱下的人"（dependant）和"依赖"（dependent）的英文很相似。

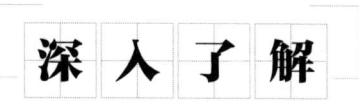

创造语言辅助工具

假设你分不清"dependant"（寄人篱下的人）和"dependent"（依赖）这两个词。前面的词是名词，而后面那个是动词。一个简单有效的记忆辅助工具就是留意带"a"的词（"寄人篱下的人"）是一个名词[15]。所以，你可以"依赖"某些手段和"一个""寄人篱下"的人交谈。

创造简单的相似的辅助工具的方法将词形与词义联系起来。只有你自己清楚自己的问题，所以，你的辅助工具应该针对自己的症结所在。

比如，你想记住"embarrass"（尴尬）这个词的写法。通过观察你会发现，"尴尬"的英文词尾的几个字母都出现了两次：两个"a"、两个"r"和两个"s"[16]。一旦你记住了这点，就可以利用这些信息写出这个词了。要想象出这个词，就想想自己尴尬的时候两脸颊（"两脸颊"的"两"会让你想到"两次"）绯红的样子。

---

15 "寄人篱下的人"的英文 dependant 和"依赖"的英文 dependent 两个词只有"a"和"e"两个字母不同，"寄人篱下的人"带"a"，而"a"在英文中又有"一个"的意思。
16 "尴尬"的英文 embarrass 词尾的几个字母是"arrass"。

舌尖效应

你有没有发现,自己有时非常确定某个词的首字母,却怎么也想不起后面的部分?这个现象诠释了记忆的工作模式,因为我们似乎都在用第一个字母从记忆里搜索信息,就像利用首字母查字典一样。

如果你在绞尽脑汁地想一个词,那么可以反过来利用记忆的工作模式:从头到尾想想字母表,回忆这个词是以哪个字母开头的。一旦你找出正确的开头字母,就更容易想起这个词。

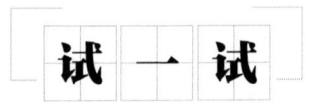

第三十五天:训练1

这里有一些字形相近,意思却截然不同的词。当然,你也许早就分清了它们。倘若你还分不清它们,就试着记忆哪个词是哪个词。

平稳 / 文具[17]

第一个词表示"不移动";第二个词表示学习用品之类的东西

校长 / 原则[18]

第一个词表示学校的领导;第二个词表示基本规则

---

17 平稳 / 文具(Stationary / Stationery)的英文很相似。
18 校长 / 原则(Principal / Principle)的英文很相似。

影响（动词）/影响（名词）[19]

第一个词是动词，表示造成改变；第二个词是名词，表示改变的状态

补充/表扬[20]

第一个词表示对某件事情的进一步说明；第二个词表示赞扬

谨慎/互不相连[21]

第一词表示小心翼翼，不愿被关注；第二个词表示独立且截然不同

确保/保险[22]

第一个词表示确定无疑；第二个词表示遇到问题时能够得到的补偿

丢失/松散[23]

第一个词表示找不到某物；第二个词表示不牢固

---

19 影响（动词）/影响（名词）（Affect / Effect）的英文很相似。
20 补充 / 表扬（Complement / Compliment）的英文很相似。
21 谨慎 / 互不相连（Discreet / Discrete）的英文很相似。
22 确保 / 保险（Ensure / Insure）的英文很相似。
23 丢失 / 松散（Lose / Loose）的英文很相似。

非凡的记忆力

你有没有想过该如何记住一副牌?

或者你有没有思考过如何记住一长串名字?

非凡的记忆力倚靠娴熟的记忆方法

这是怎么回事？

通常而言，我们没必要去记一整副牌，也没必要记住观众的名字或是 π 小数点后一百位（或一千位！）的数。但如果你想记住这些信息，也许会犯难，这时就要用到记忆方法。

为什么会这样？

从本质上看，除非你改变一长串信息的呈现形式，使它变得容易记忆，否则很难记住它。不过，要使用记忆方法，你必须找到能够切实将自己想记住的每个对象转化为单个东西的方法，这些东西还必须能够摆进记忆宫殿或是通过某种连接方式与一长串信息中的其他信息联系起来。

Time 建议用时：**30**分钟

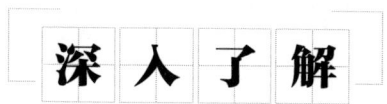

转换对象

不论你想记住些什么,都必须一下子想象出它们的样子才行。拿扑克牌来说,你没准会让一张牌对应一位名人。比如,梅花代表体育明星,方块代表有钱人,红桃代表演员,黑桃代表政客——或者你喜欢将名人怎么分组就怎么分组。接着,你可以选出某张牌对应某个人或是用某种方式将扑克牌和人对应起来。你也许能够用"A"代表名字以"A"或是"B"开头的人,用"2"代表名字以"C"或"D"开头的人,以此类推。让这种记忆方法奏效的办法很多——刚刚介绍的仅仅是将扑克牌和名人联系起来。你当然还可以使用其他东西或人与每张扑克牌一一对应。

记忆数字的时候,如果你面对的是一长串数,为这串数的每部分找到对应的图像将有助于你记忆。比如,你为"00"到"99"的100个数找到了100幅对应的图像,你就只需要去记列出来的一半的数即可。当你在记一长串数的时候,不要单纯地记数字,而要去记与其对应的图像。

你还可以用修饰的方法简化需要记忆的内容。除了对应"00"到"99"的100幅图像,你还能够为十位上的"0"到"9"想出一个修饰词吗?再为个位上的"0"到"9"想出一个修饰词。修饰词可以是"圣洁""邪恶""扭曲""彩虹"之类的词语。将修饰词和第二数字联系起来,倘若第二个数字代表"松鼠",那你要记的这个两位数也许就成了"邪恶的松鼠"——你也许能够想象一只疯狂的啮齿类动物手里拿着一把大大的、冒着烟的橡子枪?

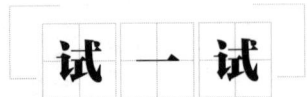

第三十六天:训练1

试着按照下文给出的顺序记住这18张扑克牌:

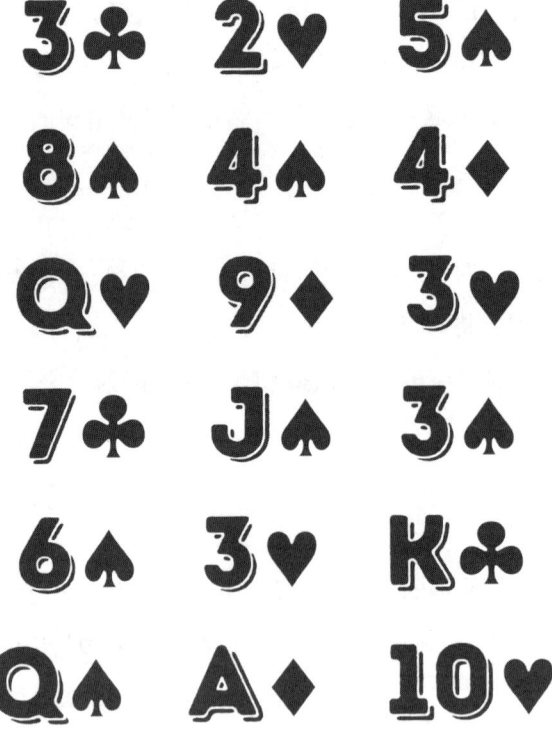

第三十六天:训练2

一个相对常见的记忆本领是记住 π 小数点后一定位数的值。试着测一测你的记忆力,看看你能否记住 π 小数点后前100位的值:

$$\pi = 3.1415926535$$
$$8979323846$$
$$2643383279$$
$$5028841971$$
$$6939937510$$
$$5820974944$$
$$5923078164$$
$$0628620899$$
$$8628034825$$
$$3421170679$$

第 **37** 天

健康的头脑

保持健康的饮食习惯才能照顾好你的记忆力

记忆力还要仰仗良好的身体素质

健康的体魄能够抵消脑细胞死亡带来的不利影响

这是怎么回事？

要照顾好你的记忆力，仅仅依靠集中注意力可远远不够。你还要尽力保持身体健康，均衡饮食：食用身体所需的所有维生素、矿物质、氨基酸和脂肪酸。有些营养成分可以有效地从多种维生素膳食补充剂中摄取，但脂肪酸最好通过直接食用鱼和某些植物油获取。

为什么会这样？

倘若血液中缺少某种化学物质，大脑存储记忆的能力就会受到损害。况且没有健康的体魄，流向大脑的血液将无法及时为大脑补充氧气。大量证据表明，良好的身体素质将抵消衰老给大脑带来的不良影响。

建议用时：**25**分钟

照顾自己

你没准以为照顾自己只是让自己保持健康,如果你很在意自己的外表,照顾自己也许还包括注意形象。倘若真是这样,你定会大吃一惊——大脑的健康至少同身体的健康一样重要。如果你不舒服,就无法快速思考。事实一次又一次证明,晚年身体健康的人的精神状态也会好得多。

除了饮食和健康以外,其他因素也会影响你的身体状况。压力会促使你的机体活跃起来,可如果长时间生活在压力环境中,大脑的行为方式就会发生变化,记忆力就会变得更加糟糕。

充足的睡眠同样不可小觑。倘若你睡眠不足,或是睡眠质量差,大脑便丧失了很多将短时记忆转换为长时记忆的机会。

另外的制约因素是时间。有些人在早晨工作、记忆的效率更高,有些人则在晚上表现得更好。试着在固定的时间去记材料的内容,看看这样做是否对你有所帮助。

最后,尽管有人声称世界上有能够提高记忆力的神奇食物,但不幸的是,这种食物根本就不存在。均衡的膳食应该能够为你提供身体所需的一切营养，而且摄入超过建议用量的维生素、矿物质和其他补充剂对身体没有任何好处——事实上，如果长时间摄入超量的维生素、矿物质和其他补充剂，反而会给身体造成不良影响。

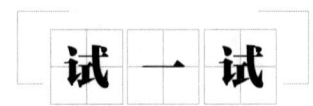

第三十七天：训练1

你还记得上一周吃过什么吗？写下记忆中自己吃过的食物：

一天前：_____

_____

两天前：_____

_____

三天前：_____

_____

四天前：_____

_____

五天前：_____

_____

六天前：_____

_____

七天前：_____

_____

你的饮食健康吗？如果不够健康，你打算从哪入手做出改变？

第三十七天：训练2

为了训练大脑的潜意识，也许可以试着记一记下文列出的蔬菜清单。顺序不重要：

芦笋	扁豆
茄子	生菜
小玉米	西葫芦
甜菜	白萝卜
西蓝花	蘑菇
甘蓝	黄秋葵
卷心菜	洋葱
青花菜	榆钱菠菜
青椒	小白菜
胡萝卜	欧洲防风
木薯	豌豆
花椰菜	尖椒
根芹菜	土豆
芹菜	南瓜
菊苣	萝卜

小胡瓜	芝麻菜
水芹	胡葱
黄瓜	菠菜
欧洲菊苣	大葱
茴香	笋瓜
大蒜	芜菁甘蓝
朝鲜蓟	红薯
辣根	甜玉米
菊芋	芜菁
羽衣甘蓝	荸荠
韭葱	山药

转移记忆

记忆会随着时间的推移而发生改变

复杂的记忆其实是一系列简单记忆的组合

记忆搅在一起就会变得十分混乱

怎么回事？

听上去也许有些奇怪，但你有时会确信自己做过某些事情——事实上根本没有。这种事可能纯属偶然，但也可能是故意植入到你脑子中的错误记忆。

为什么会这样？

不可思议的是，我们会给自己暗示，带暗示的问题尤其会迷惑大脑，使其以为发生过一些事。我们其实生来就对别人充满信任。除非我们故意怀疑别人，否则一个小小的问题就能改变我们对某件事情的记忆。我们的记忆会不断变化的本质意味着暗示产生的虚假记忆会与我们对某件事情的真实记忆混在一起，让我们误以为它们也是真实发生过的事情。

建议用时：**15**分钟

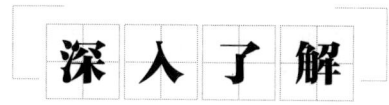

可塑性记忆

研究表明，仅仅曾被问及某件不可能发生的事是否真的发生过就会让不少人误以为自己真的经历过这件事。倘若你有意强化这一错误认识，比如利用虚假广告宣传画误导大家，令他们对自己以为的事信以为真，他们就更确信自己经历过那件不可思议的事情。

令人担忧的是，法庭也会受到这一现象的影响。仅仅通过某种提问方式，就能够令证人回忆起根本没有发生过的事情——且这些虚假记忆是挥之不去的。

消退的记忆

就因为我们的记忆会逐渐消退，且极易发生改变，我们也许根本意识不到自己的某些回忆其实是自己假想出来的。正如我们的大脑能够自动识别出我们正在观察的是一张脸，而不用去想"那没准是一只眼睛"之类的问题，所以，大脑将我们看似有意义的记忆糅合在一起，形成一个流动的整体——我们甚至都发现不了这一点。

假设你们当中有人误解了你们的谈话，那么，你们对同一件事情的第一印象会很不同。想象一下，你们对这件事情的回忆又会多么不一样。意识到这种可能性就能更重视别人的话——因为就算他们对自己所说的话深信不疑,也不能说明他们就是对的。不少家庭分歧的根源都和我们人类记忆中无法规避的弱点息息相关!

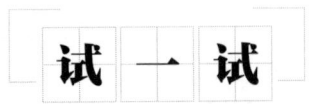

第三十八天:训练1

回答下面的问题,看看你是否还记得前几天从本书中学到的知识:

我们在第十九天介绍了三家科技公司的成立日期,你还记得那三家公司吗?

我们在第二十五天了解了库克船长登陆澳大利亚的事情,你还能记住多少细节?

我们在第十二天学习了一些起源于葡萄牙语的词语,你还能想起它们吗?

我们在第十七天掌握了几个长长的德语词,你还记得它们吗?

我们在第九天介绍了查尔斯·巴贝奇的生平,你还记得吗?

我们在第七天读到了几个笑话,你还能回忆起几个?

我们在第十五天学习了大脑的结构,你记得哪些内容?

我们在第八天和第十三天了解了土星的七大卫星,你还记得它们的名字吗?

为了记住英国所有国王和女王的名字以及1960年到1996年夏季奥运会的举办城市，你编了一些离合诗，你还记得它们吗？

第三十八天：训练2

你在第十六天记住了世界上的十大长河。现在还能写出几条呢？

1.＿＿＿＿＿＿＿＿＿＿　　6.＿＿＿＿＿＿＿＿＿＿＿

2.＿＿＿＿＿＿＿＿＿＿　　7.＿＿＿＿＿＿＿＿＿＿＿

3.＿＿＿＿＿＿＿＿＿＿　　8.＿＿＿＿＿＿＿＿＿＿＿

4.＿＿＿＿＿＿＿＿＿＿　　9.＿＿＿＿＿＿＿＿＿＿＿

5.＿＿＿＿＿＿＿＿＿＿　　10.＿＿＿＿＿＿＿＿＿＿

第三十八天：训练3

你在第三十二天记住了济慈撰写的《秋颂》的第一节。你现在还能想起那一节的全部内容吗？下文给出了每句诗的第一个字：

雾／你／你／缀／使／让／使／好／一／使／因

231

第三十八天:训练4

你还在第三十二天学习了阿瑟·柯南·道尔爵士撰写的《福尔摩斯历险记》的开头段,你还能记全里面的内容吗? 下文给出了每句话开头的字:

对/我/在/这/一/在/然/他/而/但/一/然

第 **39** 天

记忆语言

学习外语是一项不错的记忆力测验

你不但要学习词义，还要学习发音和语法

你学习的外语种类越多，就越容易掌握它们

怎么回事？

学习外语需要记相当多的东西。外语和你的母语或其他任何你知道的语言的渊源不同，因此你对它们的了解程度不尽相同，记忆它们的难易程度自然有所不同。如果你想锻炼自己的记忆力，学习语言就是不错的切入点！

为什么会这样？

为了和其他国家的人交流，我们不但要听说读写，还要了解他们的文化、方言和地区差异等等。学习外语肯定会遇到我们不熟悉的概念，所以其不失为一种有效的记忆力和大脑训练方法。

建议用时：**30**分钟

234

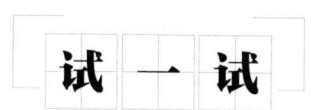

第三十九天：训练1

试着记一记下文列出的某种或是所有语言中"1"到"10"这几个数。

英语	日语	德语	瑞典语	斐济语
one	hito	eins	en	dua
two	futa	zwei	två	rua
three	mi	drei	tre	tolu
four	yo	vier	fyra	vaa
five	itsu	fünf	fem	lima
six	mu	sechs	sex	ono
seven	nana	sieben	sju	vitu
eight	ya	acht	åtta	walu
nine	kokono	neun	nio	ciwa
ten	tō	zehn	tio	tini

上文的表格无法清晰说明其中大部分词语的准确发音，因此，为

了拓展知识, 你可以了解一下当地人是如何发音的。学习词语的发音和书写是更有效的记忆力训练方法。

第三十九天:训练2

每种语言中都有不少表达 "你好" 的方式, 这里列出了不少语言中 "你好" 的表达方式:

威尔士语:helo

法语:bonjour

德语:hallo

西班牙语:hola

意大利语:ciao

冰岛语:halló

波兰语:dzień dobry

印地语:namaste

波斯语:salaam

阿拉伯语:marhabaan

中文(普通话):你好

夏威夷语:aloha

斐济语:bula

越南语:xin chào

日语:kon'nichiwa

第三十九天：训练3

选择一种你不了解的语言的入门课程，并完成第一次课的学习。你可以从网上和某些应用程序上找到这类入门课程。

如果条件允许，第二天再学习一遍。你第一天学会的知识记住了多少，又忘掉了多少？

第三十九天：训练4

试着记一记下文列出的语言中"妈妈"和"爸爸"的表达方式（"妈妈"在前，"爸爸"在后）：

巴斯克语：ama/aita

孟加拉语：maa/baba

捷克语：máma /táta

希伯来语：em/abba

印地语：maa/pita

意大利语：mamma/papà

尼泊尔语：ma/ba

泰米尔语：amma/appa

土耳其语：ana/baba

威尔士语：mam/tad

第 **40** 天

挑战自我

每天有意识地使用你的记忆力

多使用记忆力，熟能生巧

时间一长，你就会不假思索地使用记忆方法

这是怎么回事?

阅读关于记忆技巧和记忆策略的书籍好是好,但唯有将它们付诸实践,你才能够熟练地使用它们,才能充分发挥出它们的作用。只有熟练掌握一项技能,它才能成为你的习惯,才能不影响你做正事。正如你一旦学会开车,就用不着考虑油门、轮子和发动机如何工作,便能随便拐弯一样。

为什么会这样?

你的大脑喜欢记东西,你越是有意识地使用自己的记忆力,就越能轻松地记住事情;你越经常做记忆力训练,就越容易让它们成为你下意识的活动。

建议用时:**30**分钟

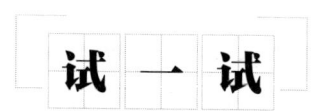

第四十天：训练1

你在第八天的训练中学习了非洲25个国家的名称。下文列出了非洲其他29个国家（截至2018年年底）的名称。记住它们，以便了解非洲所有的国家：

利比里亚　　　　塞内加尔

利比亚　　　　　塞舌尔

马达加斯加　　　塞拉利昂

马拉维　　　　　索马里

马里　　　　　　南非

毛里塔尼亚　　　南苏丹

毛里求斯　　　　苏丹

摩洛哥　　　　　斯威士兰

莫桑比克　　　　坦桑尼亚

纳米比亚　　　　多哥

尼日尔　　　　　突尼斯

尼日利亚　　　　乌干达

刚果共和国　　　赞比亚

卢旺达　　　　　津巴布韦

圣多美和普林西比

第四十天:训练2

盖住后半页,仔细观察下面的气象符号。准备好以后,遮住上半页的气象符号,将书反转过来,看看哪些符号和上半页的符号有所不同。

第四十天:训练3

你还能记住本书中哪些天的标题? 比如,今天是"挑战自我"。你能想起几天的标题?

从头到尾翻一翻这本书,让自己的脑袋清醒清醒,然后试试自己能准确无误地写出哪些天的标题。

第四十天:训练4

除了今天训练1中提到的29个国家以外,你还能记起第八天学习的另外25个非洲国家吗? 如果你记不清它们,就花充足的时间记住它们吧。你认为自己准备好的时候,就试着回忆回忆它们。作为提示,下文列出了非洲的54个国家名称的第一个字:

阿　埃　埃　安　贝　博　布　布　赤　多　厄　佛　刚　刚

冈　几　几　吉　加　加　津　喀　科　科　肯　莱　利　利

卢　马　马　马　毛　毛　摩　莫　纳　南　南　尼　尼　塞

塞　塞　索　苏　圣　斯　坦　突　乌　赞　乍　中

拓展训练

40天的训练结束后，还要继续进行记忆力训练

为自己设计记忆力训练，或进行下文列出的记忆力训练

接下来的内容中有各种各样的记忆力训练方法

怎么回事？

要提高你的记忆能力，就需要不断练习，所以，你得在日常生活中尽最大可能去有意识地使用你的记忆力。你也许还可以刻意进行记忆力训练，比如，试一试本书前面提到的训练方法，或是接下来将要介绍的训练方法。

为什么会这样？

练习得越多，掌握得就越好——而且你越是刻意使用你的记忆力，你以后就越可能自然而然地记住自己想去记的东西。

什么时候训练比较好？

你喜欢什么时候训练就可以什么时候训练，但要是40天来一直按部就班地按照本书的方法进行训练，也许你更愿意在接下来的几周中每天都抽些时间进行训练。那之后，你可以再随意翻翻这本书，重

新做做前面提到的训练。

拓展训练

训练1

你对下面南美洲14个国家和地区的名称了解多少?

任意选择你喜欢的方法来记住下面这个列表:

阿根廷

玻利维亚

布韦岛(挪威)

巴西

智利

哥伦比亚

厄瓜多尔

法属圭亚那(法国)

圭亚那

巴拉圭

秘鲁

苏里南共和国

乌拉圭

委内瑞拉

训练2（上）

　　仔细观察这一页上画着的每一张脸以及写在下面的名字，试着记一记，看哪个名字对应着哪一张脸。你想观察多久就可以观察多久，当你认为自己做好准备的时候，就将这一页遮盖起来，然后继续去做下一页的训练。

丹尼尔　　　　　维多利亚　　　　　亚历山大

诺亚　　　　　　爱丽莎　　　　　　索菲亚

米盖尔　　　　　玛丽安娜　　　　　利亚姆

训练2（下）

盖好上一页画着的每一张脸以及写在下面的名字。现在，你能将正确的名字写在每一张脸的旁边吗？为了增加难度，这一页打乱了这些脸的顺序。

训练3

你能说出世界上几个国家的首都？知道它们往往能够应对考试，就算你只想了解一下世界，这些知识学起来也挺有趣。这里有一份不包括海外领土和属地的所有国家首都的列表，其中有个别存在争议的地方。

试一试，看你多长时间能够记住列表中的全部内容，做到给出国家就能写出它的首都，或是给出首都就能写出它所对应的国家。你准备好以后，盖住首都栏或是国家栏，看看你究竟记住了多少。

首都	国家
阿布扎比	阿联酋
阿布贾	尼日利亚
阿克拉	加纳
亚的斯亚贝巴	埃塞俄比亚
阿尔及尔	阿尔及利亚
阿洛菲	纽埃
安曼	约旦
阿姆斯特丹	荷兰
安道尔城	安道尔
安卡拉	土耳其
塔那那利佛	马达加斯加
阿皮亚	萨摩亚
阿什哈巴德	土库曼斯坦
阿斯马拉	厄立特里亚
努尔苏丹	哈萨克斯坦

亚松森	巴拉圭
雅典	希腊
阿瓦鲁阿	库克群岛
巴格达	伊拉克
巴库	阿塞拜疆
巴马科	马里共和国
斯里巴加湾市	文莱
曼谷	泰国
班吉	中非共和国
班珠尔	冈比亚
巴斯特尔	圣基茨和尼维斯
北京	中国
贝鲁特	黎巴嫩
贝尔格莱德	塞尔维亚
贝尔莫潘	伯利兹
柏林	德国
伯尔尼	瑞士
比什凯克	吉尔吉斯斯坦
比绍	几内亚比绍
波哥大	哥伦比亚
巴西利亚	巴西
布拉迪斯拉发	斯洛伐克
布拉柴维尔	刚果共和国
布里奇顿	巴巴多斯
布鲁塞尔	比利时

布加勒斯特	罗马尼亚
布达佩斯	匈牙利
布宜诺斯艾利斯	阿根廷
布琼布拉	布隆迪
开罗	埃及
堪培拉	澳大利亚
加拉加斯	委内瑞拉
卡斯特里	圣卢西亚
基希讷乌	摩尔多瓦
科纳克里	几内亚
哥本哈根	丹麦
达喀尔	塞内加尔
大马士革	叙利亚
达卡	孟加拉国
帝力	东帝汶
吉布提市	吉布提
多多马	坦桑尼亚
多哈	卡塔尔
都柏林	爱尔兰
杜尚别	塔吉克斯坦
弗里敦	塞拉利昂
富纳富提	图瓦卢
哈博罗内	博茨瓦纳
乔治敦	圭亚那
危地马拉城	危地马拉

河内	越南
哈拉雷	津巴布韦
哈瓦那	古巴
赫尔辛基	芬兰
霍尼亚拉	所罗门群岛
伊斯兰堡	巴基斯坦
雅加达	印度尼西亚
朱巴	南苏丹
喀布尔	阿富汗
坎帕拉	乌干达
加德满都	尼泊尔
喀土穆	苏丹
基辅	乌克兰
基加利	卢旺达
金斯敦	牙买加
金斯敦	圣文森特和格林纳丁斯
金沙萨	刚果民主共和国
吉隆坡	马来西亚
科威特城	科威特
利伯维尔	加蓬
利隆圭	马拉维
利马	秘鲁
里斯本	葡萄牙
卢布尔雅那	斯洛文尼亚
洛美	多哥

伦敦	英国
罗安达	安哥拉
卢萨卡	赞比亚
卢森堡市	卢森堡
马德里	西班牙
马拉博	赤道几内亚
马累	马尔代夫
马那瓜	尼加拉瓜
麦纳麦	巴林
马尼拉	菲律宾
马普托	莫桑比克
马塞卢	莱索托
姆巴巴内	斯威士兰
墨西哥城	墨西哥
明斯克	白俄罗斯
摩加迪沙	索马里
摩纳哥城	摩纳哥（城邦）
蒙罗维亚	利比里亚
蒙得维的亚	乌拉圭
莫罗尼	科摩罗
莫斯科	俄罗斯
马斯喀特	阿曼
内罗毕	肯尼亚
拿骚	巴哈马
内比都	缅甸

恩贾梅纳	乍得
新德里	印度
梅莱凯奥克	帕劳
尼亚美	尼日尔
尼科西亚	塞浦路斯
努瓦克肖特	毛里塔尼亚
努库阿洛法	汤加
奥斯陆	挪威
渥太华	加拿大
瓦加杜古	布基纳法索
帕利基尔	密克罗尼西亚联邦
巴拿马城	巴拿马
帕拉马里博	苏里南
巴黎	法国
金边	柬埔寨
波德戈里察	黑山共和国
路易港	毛里求斯
莫尔兹比港	巴布亚新几内亚
维拉港	瓦努阿图
太子港	海地
西班牙港	特立尼达和多巴哥
波多诺伏	贝宁
布拉格	捷克
普拉亚	佛得角
茨瓦内（行政首都）	南非

开普敦（立法首都）	南非
平壤	朝鲜
基多	厄瓜多尔
拉巴特	摩洛哥
雷克雅未克	冰岛
里加	拉脱维亚
利雅得	沙特阿拉伯
罗马	意大利
罗索	多米尼克
圣何塞	哥斯达黎加
圣马力诺	圣马力诺
圣萨尔瓦多	萨尔瓦多
萨那	也门
圣地亚哥	智利
圣多明各	多米尼加
圣多美	圣多美和普林西比
萨拉热窝	波斯尼亚和黑塞哥维那
首尔	韩国
新加坡	新加坡共和国
斯科普里	北马其顿共和国
索非亚	保加利亚
斯里贾亚瓦德纳普拉科特	斯里兰卡
圣乔治	格林纳达
圣约翰	安提瓜和巴布达
斯德哥尔摩	瑞典

拉巴斯（行政首都）	玻利维亚
苏瓦	斐济
塔林	爱沙尼亚
塔拉瓦	基里巴斯
塔什干	乌兹别克斯坦
第比利斯	格鲁吉亚
特古西加尔巴	洪都拉斯
德黑兰	伊朗
廷布	不丹
地拉那	阿尔巴尼亚
东京	日本
的黎波里	利比亚
突尼斯市	突尼斯
乌兰巴托	蒙古国
瓦杜兹	列支敦士登
瓦莱塔	马耳他
梵蒂冈城	梵蒂冈城国
维多利亚	塞舌尔
维也纳	奥地利
万象	老挝
维尔纽斯	立陶宛
华沙	波兰
华盛顿	美国
惠灵顿	新西兰
温得和克	纳米比亚

亚穆苏克罗	科特迪瓦
雅温得	喀麦隆
亚伦	瑙鲁（该国无正式首都、政府机关在亚伦区）
埃里温	亚美尼亚
萨格勒布	克罗地亚

训练4

如果你喜欢挑战，这里还有个列表需要记忆——除非非常熟悉南美洲的文化，否则要记住这个列表可不容易。

你能记住下面列出的阿兹特克、玛雅和印加诸神吗？顺序无关紧要。

阿克纳	玛玛基利亚
阿普·蓬乔	卡帕克
卡提基尔	帕查卡马克
查尔丘特利奎	帕查玛玛
查斯卡	克查尔科亚特尔
科亚特利库埃	泰兹卡特里波卡
胡纳伯·库	巴卡布
英蒂	特拉洛克
伊扎姆纳	维拉科查
伊萨扎洛	修堤库特里
伊希切尔	休奇皮里
库库尔坎	索奇奎特萨尔

当你认为自己记住了它们的时候，就盖住这个列表，试一试，看自己能不能想起前面提到的24位神。

训练5

在2分钟的时间内，尽可能多地记住下面列出的图片。时间一到，就描写出你还记得的所有图片的样子。

训练6

　　盖住本页下方的图片。仔细观察本页上方的图片,几分钟后,盖住它,露出它下方的图片。你能找出这两幅图中的十处不同吗?（后面附有这项训练的参考答案。）

参考答案

由于能够见到和前文各项训练中一模一样的训练材料,所以你通常可以轻而易举地找到本书中各项记忆训练的参考答案。对于"找不同"的题,你也许一下子看不出哪里有区别,可以参考下文列出的答案。

第十天:训练1

十处变化用斜体标出如下:

"那是我主基督降生后的*一千七百六十五年*。跟现在一样,神灵的启示在那个时期的英格兰可谓是大行其道。传说有着预言能力的*诺斯柯特*夫人刚刚过完了她的二十五岁生日。此时,王室卫队里一个未卜先知的*中士*已公开宣布:所有事已安排停当,就要淹没*国*会和威斯敏斯特。记得当年那个公鸡巷的*圣灵*,曾经在发出它那耸人听闻的预言之后,遭到驱逐被除,消失了整整二十年。在过去的一年之中,圣灵们发出的种种预言仍是换汤不换药,少了*一些*独创性。前不久,从美国那些英国治下*百姓*的一次会上才发出真正符合俗世人间的消息。说来真是奇怪,这些消息对于*子民*的影响之巨大,竟然远远超过了那个公鸡巷鸡窝里随便哪只*鸡崽*传出的预言。"

拓展训练6

请见两张图片的不同之处（已圈出）。